中国新闻摄影学会指定无人机遥摄指导用书

无人机航空摄影教程

无人机遥摄专业指南

牟健为　摄／著

中国摄影出版社

China Photographic Publishing House

Contents
目 录

Preface
前 言

　　当人们还在感叹"自拍杆"那神奇的拍摄视角时，却惊奇地发现，为数众多的无人机载着传感器，铺天盖地地向我们飞来，带着相机在天空中撒欢儿。

　　由此，摄影艺术出现了一个时尚的新门类——无人机遥控航空摄影。它的横空出世，把大众摄影带入了航空摄影新时代，人们在欣喜中享受着"上帝视角"赋予的视觉震撼力。

　　但是，随着无人机摄影操作的简单实用，空中鸟瞰成为平民化的视觉常态。大家对空中俯视影像不再感到陌生，那种新奇劲儿也逐渐淡漠，在空中拍张照片就迎来一片点赞的热情正在消减。如何运用视角优势加强对事物的形象表现力，这一问题已经凸显在人们面前。

　　作为中国航空航天摄影大赛组委会秘书长，我注意到：通过无人机机载镜头获取的影像中，虽然不乏精品力作，但大部分仍不尽如人意，问题就出在表现力方面：有视角却没力度，有纵深却不震撼，有景物却不动人，有人物却无情趣；工业化的扫描，大范围的概览，使画面缺少选择、缺少变化、缺少艺术魅力。很多拍摄者虽然能熟练驾驶无人机，操纵机载相机，完成程序化的影像扫描过程，拍摄的照片却达不到理想的表现水准，亦谈不上"上帝视角"带来的俯视冲击效果。

　　人们开始困惑：站在地上，能干好天上的活儿吗？

　　我的回答是：能！但是挺难！

　　难在哪呢？难在人类在娘胎中没有带来从上往下看的本事。不信您登上张家界大峡谷透明玻璃桥去试试，空临 400 米高度，就会让你犯恐高症，又晕又吐，这说明人类不具备天生的鸟瞰习惯。

　　我认为摄影师要在地面靠监视器观察获取航空影像，必须具备立体空间意识和俯视经验，而这些经验来自乘航空器亲临天空的鸟瞰经历。我在此部教程总结出的课题中，无人机遥摄与航空摄影的共同科目占了百分之八十之多。

　　既然无人机遥摄属于航空摄影范畴，就应该借助航空摄影 120 年的理论基础，更要借鉴和传承中国山水画所表现的、从古至今华夏五千年的俯视文化。

必须指出：不是拥有了无人机就能很好地完成航空摄影使命，也不是能熟练操作无人机就能获得杰出的航空影像。

古人云：纸上得来终觉浅，绝知此事要躬行。在这部教材中，我试图用自己从事航空摄影事业30年，乘各类航空器飞行2000多架次取得的切身感悟，解答大家遇到的有关遥摄技术和艺术方面的问题，让更多没有机会乘航空器飞行体验的无人机摄影工作者、爱好者们，得到针对性较强的实操诀窍和观念启示。

作为国内无人机摄影大赛和航空航天摄影大赛的评委，我非常关注无人机摄影师在实践中的观念创新。最近，首位用无人机遥摄作品获得国际大奖的作者语出惊人："无人机遥摄要拍出点'恶心感'来。"经过沟通我理解了他的观点：无人机在飞行中拍摄的影像，要让读者感受到腾空驾云的运动感、眩晕感、空旷感……我赞同这个观点，在此部教程中它引申出了十几个遥摄科目。

近日，我收到了那位自驾固定翼飞机、手持相机进行航空摄影的哥们儿的微信："嗨，我考取了无人机驾照，咱们一起玩遥摄吧！"

我想，这小子一定会成功。因为，他是国内率先起飞的"摄影孙悟空"，他用买车的钱换来固定翼飞机、旋翼直升机和无人机3本驾照；作为摄影家，他拥有风光摄影、人像摄影、新闻摄影的获奖实力；作为航空摄影家，他拥有几百小时飞行经历造就出的俯视经验。如今，他又平添了升降自如的无人机替身，可以用摄影家的脑子、无人机的翅膀和上帝的视角，去完成更加完美、更加震撼的影像截留和视觉呈现。

我相信，成功属于那些熟练掌握飞行技术，熟悉俯视影像规律，具有深厚影像表现艺术造诣的无人机遥摄艺术家们。

2017年3月

第一章
Chapter 1
遥摄学科要义

无人机遥摄，就是遥控"会飞的相机"获取影像。

随着人类在微电子和信息化等领域取得的成就，无人机的智能化水平迅猛发展。由此，航空摄影领域出现了通过人工智能遥控无人机，或者给无人机输入程序编程，代替摄影师升空完成航空摄影任务的"无人机遥摄"门类。它以航空管制宽松、操作简便、无人员生命危险、无人员疲劳恐惧、造价低廉、机动灵活等特点，给航空摄影带来广泛的应用前景。

这一章里，我对无人机遥摄的学科定义、机种分类、艺术属性、注意事项等基础理论做了探索分析。针对无人机升空与摄影师乘飞行器升空两种航空摄影操作形式上的区别，将"遥摄"和"航摄"做了动词上的含义界定。

学科定义诠释

无人机遥摄，就是操控无人机载摄影机获取航空影像。

人类运用遥控无人机载摄影机获取的影像，应该归属为纪实性平面影像类的航空影像范畴。这种新型摄影方式的全称应该规范为"无人机遥控航空摄影"，简称"无人机遥摄"。

无人机遥摄的操控特点

摄影师手拿的不再是相机，而是用于操控无人机飞行和摄影机工作的遥控器。摄影师看到的不再是取景器里直观的景物，而是无人机载摄影机现场回传的实时信号。摄影师需要依靠操控无人机载镜头，从监视器里搜索预定或即兴目标，准确框取视场画面获取航空影像。

无人机遥摄的航空属性

无人驾驶飞机与有人驾驶飞机同属航空器，无论摄影师端着相机乘飞行器直面现场拍摄，还是通过操纵无人机飞行对景物进行拍摄，都是以航空器为工具，借助飞行机动优势把摄影机托举到指定空域实施的摄影操作。

无人机遥摄的飞行控制

摄影师首先应该是熟练驾驶无人机的"飞行员"。无人机载摄影机与传统相机没啥两样，只是它完全脱离了人体的束缚，与"腾云驾雾"的无人机融为一体，无人机在立体空间中的位置，是追寻"上帝视角"的关键，无人机的飞行控制是完成遥摄影像获取的基础。

无人机遥摄的俯视控制

无人机把镜头带上了天空，打破了人们平视和仰视的视觉习惯，把摄影师和读者带到了陌生的航空视界中。对摄影师来说，如何控制机载镜头的高度、角度、速度等航空参数，并根据回传到监视器里的平面影像，在航空环境的立体空间表象中完成对影像的获取过程，凭借的是从上往下看的经验，这种经验来自高点俯视训练，它是无人机遥摄专业技能的第一要义。

无人机遥摄让航空摄影真正走向了大众，使"上帝视角"随着无人机遥摄的普及走下神坛。

目前，"会飞的相机"吸引着更多的摄影爱好者。

无人机进入传媒领域，成为媒体获取影像的重要技术手段。

无人机在摄影人群体面前施展着自由飞翔的特技，发挥着自身的视角优势。

机种特性注释

遥摄的机种特性，是以无人机的航空动态结构分类的。

目前，虽然无人机的样式五花八门，充满创意，分类界限却非常明确。无人机类型不同，其飞行性能及用于航空摄影所产生的影像效果亦大相径庭。

固定翼无人飞行器

指带有固定机翼的无人飞行器。它拥有很长的航时，可以在高空高速巡航飞行，智能化程度高、载重量大、遥控航摄性能好、画面稳定性好，适用于大面积、远距离的巡查遥摄。

旋转翼无人飞行器

无人驾驶直升机，是当今运用最广泛的遥摄机型。它不需机场设施，具有垂直起降、全向飞行、低速盘旋、高速机动等独特飞行能力。它分为配有主旋翼和尾旋翼的、共轴式旋翼的、串列式旋翼的或多转子旋翼的多种设计型式，具有多功能、长航时、稳定性好、机动性高、操作简单、使用便捷等特点。

飞艇类无人飞行器

充气材料比空气要轻，外形很大，飞行非常平稳，可以长时间航行，也不需要机场设施。但是，它的飞行速度低，机动性能差，升降速度缓慢，受现场气流影响大，受气象条件约束严重。

扑翼式无人飞行器

受启发于鸟类或者会飞行的昆虫，有带弹性的或者可变形的小翅膀。这种仿生式无人飞行器，操作简单、机动性强、隐蔽性好，但稳定性差、飞行时间短且不易操纵，适用于隐蔽性较强的侦察摄影和动物摄影。

遥摄无人机的发展

目前，用于遥摄的无人机在加大信息量和载荷量、灵活性和续航力等重要能力指标的同时，逐渐趋向超视距飞行控制、大容量数据传输，以及集成化、智能化、低成本、高性能方向发展，将更经济、更便捷、更广泛地应用于风光风情、体育竞技、突发事件、军事行动等领域的新闻纪实摄影和影像艺术创作。

用于航空遥摄的小型四轴无人直升机，被百姓称为"会飞的相机"。

用于长航时遥控航空摄影的固定翼无人机。

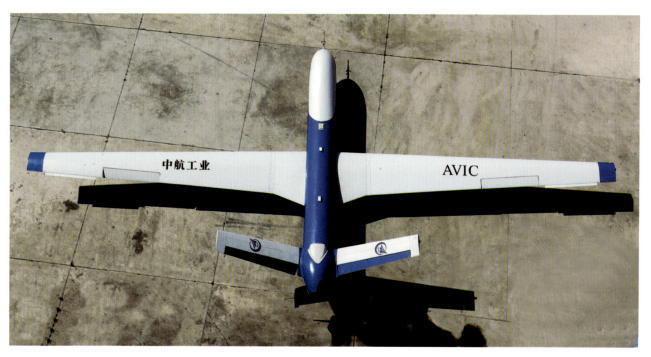

国产大型固定翼无人机,可用于远程侦察和航空摄影。

多种用途的中型旋翼无人机。

用于遥摄的大型八轴旋翼无人机。

轻巧便捷的中小型旋翼无人机。

性能限制提示

无人机遥控航摄，是依靠飞行器的性能实现的。

摄影师在实施遥控航摄时，要充分了解将要启用的无人机的各项物理限制，也叫作性能极限。否则即使生成了完美的航摄方案，也会因无人机自身控制力和执行力不足而无法完成预期拍摄。这里，例数几个重要技术参数，给摄影师一个提示。

最小转弯半径

转弯半径是无人机的主要性能之一，关乎无人机的机动能力。摄影师要了解无人机的最小转弯半径，以免剧烈转弯造成无人机失控。

最大升俯角度

最大爬升和俯冲角度是无人机的另一项性能指标，指无人机在垂直平面内上升和下降的最大角度，摄影师必须以此限制自己的操纵幅度。

最小航程长度

也称最小航迹段长度，是指出发地与目的地标间的最小航距。摄影师要预计航距，估算电量，减少迂回转弯，保证主要目标的遥摄留空时间。

最低飞行高度

在目标上空，无人机应该保持尽可能低的高度，以保证镜头最大限度地接近目标。但是飞得太低受磁场及气流干扰的因素加大，与障碍物、地表建筑相撞坠毁的概率也会增加，因此摄影师必须保障无人机的飞行安全高度。

最高飞行升限

无人机的最高升限是指能够达到的最大平飞高度。无人机的升限受发动机功率、机体承受载荷、无线电信号强弱、外界大气压力和氧气浓度等因素的影响，当无人机达到一定高度时，就会达到承载力的极限，这是一道不可逾越的飞行红线。

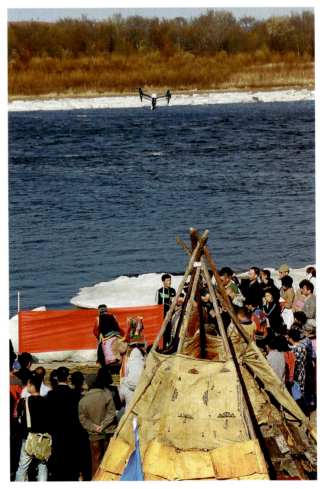

轻型无人机受性能限制，担负特大灾难的遥摄任务应慎重。

一架四轴旋翼无人机正在拍摄黑龙江开江民俗仪式，因为风力太强不敢下降高度抵近航摄。

　　爬上去看看大烟囱里是个啥样，这曾是我儿提时的奢望，无人机轻而易举就办到了。但是，如果工厂正在运行中，烟囱冒出的烟气中的热量会在周边形成扰动气流，无人机飞行会受到很大干扰。

无人机跟踪无规则的快速移动目标时，对技术性能和操纵水平的要求很高，这只白鹭是偶然拍到的。

特殊功效诠释

遥控航摄，是通过地面遥控无人机载摄影机完成的。

因为是无人驾驶飞机，靠信息指令和能量驱动机械装置完成航摄任务，所以不存在人的安全和疲劳问题。遥摄无人机可以用其特殊视角，取代人工完成人类力不从心或危不可及的航摄内容。无论是上高山还是下火海，无人机都可以做到真正的无限勇敢、吃苦耐劳。

高危目标的敢死队员

在复杂、险恶的地理地貌环境和急难险重的任务面前，无人机在性能和能量允许的情况下，可以不顾辐射靠近现场，不顾高温接近熔岩，不顾枪林弹雨勇往直前，做到最大限度地抵近拍摄。不过，在极限环境中发出冲锋指令时，摄影师仍然应该以科学为依据。

移动目标的跟踪死磕

跟踪高速移动目标也是无人机的拿手好戏，它可以受摄影师地面遥控，死死盯住被摄主体，亦可根据输入信息辨别跟踪目标的高度、速度、距离等移动因素，保持一定距离持续跟踪飞行。在复杂地理环境和城市建筑群落里，无人机识别复杂信息的反应能力正在超过人类。

持续作业的劳动模范

无人机和相机可以在性能和能量允许的范围内，按摄影师输入的程序或发出的指令，不知疲劳地高效完成拍摄任务，如大片地域的遥感扫摄、线路监测等高频率、大强度的航摄作业，而且不偷懒、不走样，始终如一。

新闻现场的自由超人

无人机进入突发天灾人祸和军事战场对垒空域的新闻现场，可以无视危险环境和恶劣气象，跨越人为阻隔和地理阻隔，在能容下机身的空间中做到自由穿越。无论是残垣断壁还是涵洞峡谷，无人机能够不间断地由近至远，从微观到宏观，用摄影机担负起实时监视、侦察、校正、印证等重要航摄任务，提供协同决策的重要依据，为媒体提供现场影像记录。

一架小型航摄无人机，正在村庄里追逐挑逗航摄一只小狗，其飞行灵活性令人惊诧。

无人机遥摄系统可以锁定高速移动目标，并操控机载相机自动追摄目标。

目前，无人机遥摄已经成为户外大型活动的重要摄影手段。

无人机可以对危险作业的工地进行长时间的监督、记录、观察。

俯视经验积累

俯视经验，就是从空中往下看的视觉习惯。

无人机给相机提供了空中平台，却把摄影师留在了地面。由于地面看到的平视景象与监视器里的俯视影像相去甚远，许多摄影师虽然能够熟练操纵无人机，却因不熟悉俯视影像特点，不能判读地标环境，而无法操纵无人机合理机动地捕捉影像。由此，摄影师要最终取得无人机的航空视角，必须先拥有俯视经验。

俯视经验的空中积累

摄影师要通过升空训练积累俯视经验，熟悉俯视影像特点和平视、俯视影像转换规律。生活中人们一般都是向前看和向上看，很少以漂浮状态向下看。因此，俯视经验必须在特定的航空环境中积累。摄影师应该乘各种飞行器或从高楼、高山等环境，从不同高度、不同角度，对不同目标、地标景物进行俯视观察基本功训练，从而形成规律性的影像概念。

俯角透视的地标识别

人类对俯视影像是陌生的。它的规律是：俯角越大，陌生感越强。垂直俯瞰是能够最大限度改变影像形态的视角，因此对人类视角的挑战最大，然而这也是无人机遥摄的魅力所在，垂直俯瞰角度应该成为无人机遥摄的最大优势。但是，由于视角变化太大，俯视经验不足的摄影师会产生地标识别困难。因此，摄影师应该有乘飞行器升空的经历，熟悉从空中俯视景物的形象变化规律，才能够运用俯视经验，更好地在监视器的回传画面中识别预定地标景物的结构和形象。

对照承德外八庙的外形特征，我们可以找出最佳的拍摄角度。

我用俯视的视角观察的农家秋收后的屋顶。

发挥无人机机动灵活的特点，追踪拍摄放学回家的学生自行车队。

高空对地垂直俯视，地标景物"面目全非"，摄影师很难发现特定的地面目标。

垂直对地"扣摄"应注意利用好地面的图案线条。

扫描拼接技术

扫描拼接法，就是无人机按程序将连续拍摄后的影像拼接成大图。

大面积遥感扫描航摄工程量很大，广泛用于海域、森林及减灾活动的监测。随着数据处理技术的发展，这种通过航摄程序拼接影像，再通过后期裁剪获取有价值的局部影像的方式，变得越来越便捷。因此，程序化航摄开始进入"空对地"纪实和艺术创作领域，把"决定性瞬间"由现场搬进了工作室。

这是车载遥控航空摄影地面工作车。

地标区域确认

选定要执行任务的区域，对整个覆盖面进行测量，确定飞行面积和飞行航线长度。

任务航线规划

根据无人机的测控半径和航行能力，参考转弯和盘旋所耗时长，将任务区域进行有规则的矩形划分，尽量减少图像拼接的工作量。

扫描程序设定

将目标航摄区域4个顶点的经纬度、高度和特征信息上传到飞机数据库，使飞控计算机设定好这个架次的飞行区域。

间距行距设定

根据比例计算出镜头成像在一定分辨率时的飞行高度；根据飞行高度、航向角、旁向角、航向重叠率和旁向重叠率，计算出分行间距和拍照间距，确定航线上传到无人机数据库。

实施扫描航摄

无人机按预定航向、航速、航线、高度进入第一个航摄点，开始循环往复，每隔一个拍照间距拍照一次。

数据拼接处理

在地面工作站对照片进行筛选，将滚转角较大和转弯时的照片剔除。经过图像显示、拼接算法、几何校正、图像处理等系统流程，最终把多幅照片合为一张高清整体平面图。

这是车载遥控航空摄影地面数据库和工作站。

用于航空遥摄的8轴旋翼直升机和单反照相机。

运用扫描拼接技术,可以使遥摄影像的解析度大幅提高,对"天下第一城"的每个细节都保持较高的清晰度。

运用扫描拼接技术,可以对大面积的景区进行地毯式遥摄,并获取高品质大数据量的影像。

遥摄航摄比对

无人机遥摄和乘机航摄之间有共性亦有差别。

摄影师遥控无人机获取影像，与摄影师乘飞行器升空获取影像，是相同性质的"航空影像"。不同的是，无人机遥摄是摄影师通过监视画面间接获取，而乘飞行器航摄是摄影师在空中直视选取影像。这里，我们对"遥摄"和"航摄"的优势和劣势进行剖析。

无人机遥摄的优势

随着关键技术的突破，无人机性能大大提高：机体结构和机身重量实现了最优化配比，载重量大，使机载相机可以随意悬挂；价格低廉，使大众买得起、玩得起；不知疲劳，能做到有电就能飞、有电就能拍；不知危险，让怎么飞就怎么飞；机体轻便，使飞行安全系数上升；航空管制宽松，空域申请简便。

无人机遥摄的劣势

无人机载相机的视场永远逊色于人类的目光，无人机的智能永远达不到人类的新闻敏感、价值认定、思想意识；站在地面的摄影师凭借机载相机对景物的框取观察现场，这就限制了摄影师的视野范围，增加了取景的难度，从根本上制约了摄影师的技艺发挥。

升空航摄的优势

可以肯定地说，摄影师在空中直面被摄主体，现场观察、判断、取舍、定格最终获取的影像，应该优于摄影师操控无人机间接地判断从回传信号中截留的影像。如果用摄影师升空和无人机遥控，同时对一个地标进行实地拍摄，再把影像作品进行比较，就会发现这两种方式拍出的作品在表现力方面仍然存在着差别。

升空航摄的劣势

因为摄影师乘机航摄要保障人员升空，所以载人飞行器个头都较大，机动性能要求高，各种机载设备复杂，飞行造价可观，购机更贵得令人咂舌。另外，还需面临航空管制严格、审批手续繁杂、飞行安全要求高等问题，维护、管理、保养、修理……劳神费力。

遥摄需要俯视经验

无论无人机装备和技术如何发达，它只是完成人的意图和观念的一种工具，是摄影师完成航摄使命的一种手段。站在地面平视的摄影师，必须凭借空中俯视感觉结合监视画面进行遥控操作，效果往往取决于摄影师俯视经验的积累程度，而俯视经验的生成有赖于航空飞行的实践亲历。由此，操控遥摄的摄影师应该具有航空俯视的阅历。

无人机可以最大限度地从空中接近被摄主体，逐渐成为大众接受的生活中的常见物。

乘直升机航摄，摄影师可以在广阔的视野环境中自由观察选择，完成典型瞬间的视觉截留。

　　摄影师乘飞行器直视地表景物，可以更好地发挥艺术鉴赏力催生的表现力创造。摄影师乘坐的大型飞机有续航力长、无线电功率大、抗复杂气象能力强，以及现场处理特情主动等优势。这是我乘歼击机航摄的中国战机西沙巡航的场景。

无人机垂直向下拍摄是最大的角度优势。

大型飞行器在夜航、高升限、抗风力、稳定性、续航力等多方面，比无人机遥摄更具优势。

安全要点警示

无人机遥控航摄，操控人员应该既是摄影师又是飞行员。

应该指出的是：飞行无小事，"摄影飞行员"必须以安全为重。时下，人们对航空影像的追捧，催生着无人机遥摄行业的迅猛发展，天空中云集起越来越多用于遥摄的各类无人机。但是，在这个新兴行业繁荣表象的背后，隐藏着日趋严峻的低空安全形势。由此，对遥摄领域形成统一的安全规范势在必行。

无人机安全性能

无人机的质量标准是遥控摄影的安全基础。摄影师必须对飞行器的气动原理和飞行性能了如指掌，知道它的安全高度、安全角度、安全速度、安全航程、安全载荷、能量储备等主要飞行参数和性能限制。

无人机安全操控

航空摄影，首先是航空，而后是摄影。运用航空器进行遥控航摄，操纵好飞行器是前提，它是获取影像的基本平台保障。必须强调无人机遥摄领域飞行专业标准规范，摄影师须接受严格的飞行理论学习和试飞操控训练，成为技术娴熟的无人机操控技师。

无人机空管规则

遥控航摄应该是被纳入低空统一飞行器管理的项目，应该严格遵守航管规定。空域使用必须经过上报审批，以便航管部门进行全面控制协调，这也有助于摄影师对空域环境的总体把握。

无人机防撞红线

防相撞是一道红线，摄影师应该永远保持安全警惕意识。实施航摄时，一定要把空域限制、高度限制，以及地表高层建筑和复杂地形了解清楚。对于航路和空域中的飞行物、障碍物，包过鸟类、风筝、电线等注意观察，及早进行防相撞主动规避。

无人机动能衰减

随着海拔高度提升以及气温降低的影响，无人机的电能消耗会迅速增加，在高原和寒冷地区遥摄，必须随时注意电压保护装置的警示，保持电能储量和确保动力安全。

抗干扰安全处置

在人类社会活动的广大环境中，分布着看不见摸不着的强磁场。摄影师除了对看得见的电塔、电站、矿山等能够产生磁场干扰的地域进行主动避让外，还要注意不确定的突然发生的电讯、电视、雷达等信号干扰，随时操纵无人机脱离干扰源。

在磁场混乱的矿区飞行，无人机极易受到干扰而失去控制，摄影师最好把无人机控制在自己的视线以内，做好抗干扰飞行方案。

在跟踪拍摄运动目标时，摄影师很容易被兴趣点吸引，忘记电量、航程、方向、返航点等要素，造成无人机失控遇险。

一架微型固定翼无人机正在烟台机场起飞航路上，与民航客机"比翼齐飞"，十分危险。

小型遥摄无人机在布满电线的街道上起舞，实在令人心惊胆战。在复杂的村镇社区环境中遥摄，需要格外注意电线、电杆、烟囱、违章建筑造成的飞行障碍。

道德规范红线

道德规范，是指遥摄中应该遵循的正当行为的观念标准。

无人机遥摄是一种先进时尚的摄影方式，在日趋小型化、便捷化、隐身化的高科技发展中，已经成为人们无处不在的另一只眼睛。因此，对无人机操纵人员道德规范的形成和约束，也成为人类航空活动中不可或缺的行为准则，是不可逾越的红线。

不挑战社会公德

许多新生事物的发展过程，总是伴随着人们的善恶评价。某些差评也是从朦胧走向明确，从容忍走向愤怒的。我们希望无人机遥摄产生的弊端能在摄影师的严格自律中得到限制，并在行业法规的约束下得以遏制，这样才能使这一新兴摄影门类以良好的形象融入社会生活。

不打搅人们生活

人们社会生活实践中形成的善恶是非观念、情感行为习惯，应该成为遥摄严格自律的基础。摄影师要把尊重现实社会生活规律和习惯作为行为准则，真正做到不野蛮飞行，不黑飞乱拍，不打搅人们的正常生活秩序。

不偷窥他人隐私

应该看到，遥摄给偷窥隐私提供了强大的技术支持，使"狗仔队"拥有了航空利器。我们在强调摄影师严格自律的同时，也呼吁法律针对"黑拍"进行严厉制裁。目前仅有《中华人民共和国治安管理处罚法》第 42 条第 6 项规定：偷窥、偷拍、窃听、散布他人隐私的，处 5 日以下拘留或者 500 元以下罚款；情节较重的，处 5 日以上 10 日以下拘留，可以并处 500 元以下罚款。这样的处罚力度，对于当今社会的现实情况是远远不够的。

不侵犯他人肖像

虽然目前使用无人机拍摄陌生人特写照片的例子不多，但是原则上讲无人机遥摄也存在尊重所拍摄人物肖像权的问题。特别是未经本人同意遥摄和使用他人肖像，对他人人格利益造成损害的，应该进行反省或受到惩罚。

不干扰现场部署

目前，使用无人机对突发事件现场、重大事件现场和重要活动现场进行遥摄的需求越来越大，这说明人们对航空视角获取现场信息的重视。但是，实操时必须获得现场指挥的授权，按照要求使用空域。遥摄时不能干扰已经指定并协调好的遥摄机组工作，也不能干扰现场飞机救援或其他飞行器的正常航行。

不进入预设禁区

针对无人机的出现，许多职能部门把重要设施、军事机关、大型工地、飞机航路等空域设定为禁飞区。摄影师必须严格遵守禁飞规定，严禁私自进行"黑飞"活动。有关部门应该对私自取消 ABS 禁飞区设置，进行"黑飞""黑拍"的行为进行有效管理和大力度处罚。

自媒体谴责氛围

一般窥探他人隐私的"狗仔们"，都有在自媒体炫耀的欲望。然而只要消息一经发现即遭到舆论一致谴责、人人喊打，这些爆料就没有了市场。遥摄摄影师要像爱护自己的眼睛一样爱护遥摄的名誉，一旦背上"黑飞""黑拍"的骂名，遥摄就会失去群众基础。

无人机翻过墙头拍下了这个不为人知的隐蔽环境,这究竟是侵犯隐私还是舆论监督?

无人机翻过墙头拍下了这个不为人知的私人领地。

游艇上空跟着一架遥摄无人机,游艇上的人们会有一种被监视的感觉。

监视上流社会生活是西方"狗仔队"的作为,如今无人机把这种窥探变得更加便捷。

面对不请自到的无人机,正在吃饭的老乡不知道该欢迎呢,还是该开骂?

特情处置要点

特情处置，就是对无人机空中突发险情的应急处理。

无人机遥摄，是航空应用领域的一个新兴行业，是高风险的飞行作业。种种不可预测的空中特情，会伴随遥摄实际操作过程时有发生：突然失去图传、突然失去控制……形成横在航路上的道道难关。这里，给大家列举几种常见的特情，以及可采取的对应措施。

回传信号中断

由于航路上的矿山磁场、高压电力磁场、移动信号磁场等对无人机的干扰，遥摄时会出现实时图传中断、控制信号消失等险情。此时，应保持无人机悬停，尝试重新进入相机界面，或者调整天线的摆放重新获取图传。

应急激动失误

出现特情时，摄影师往往产生应急激动情绪，使自己失去理智，不能正常地处置操作，造成低级错误和不应有的损失。直面特情对摄影师的心理反应要求是：冷静、认知、判断、评估、决策。处理特情的程序是：观察、决心、对策、脱险、备降。

高压线路包围

在人类的生存环境中，高压线、电线无处不在，在摄影师的监视器中很难发现这些细长的线绳物，但电线杆、高压电塔应该给摄影师以警示，一旦发现误入线阵，必须立即使无人机悬停，原地垂直跃升至脱离高压线路高度。

电量不足报警

遥摄作业中，摄影师往往忽略电能的储量，特别是在高原和高寒地区，电量消耗会成倍增加。无人机出现低电量报警时，摄影师应当执行紧急降落操作，并通过观察记住周围的地标特征，以便发现临时备降场，并在降落后按照标记找回无人机。

悬停晃动不稳

无人机悬停不稳，可能是卫星信号较差，或指南针干扰导致，应该控制无人机飞离，再选地点悬停观察。如不能恢复平稳，就应返回摄影师所在机位进行机务检查。

迷失飞行航向

无人机在摄影师视线内迷失航向，可以根据观察调转机头找回航向。如果无人机在视距以外看不见的空域，可以参考监视地图，根据遥控器与无人机的绿色连线调整机头方向。或者使用返航锁定功能，控制无人机进入返航方向，并以此为基准找回机头航向。

气流乱风力大

无人机在空中突遇飓风或紊乱气流时，无法保持悬停姿态和飞行轨迹，此时应马上降低高度、减少航行速度，尽快寻找适宜备降的场地降落。

镜头结雾迷航

在温差很大的火灾、温泉、火山爆发、极寒等环境中遥摄，相机镜头极易因凝结水雾而失去结像能力。一旦发生结雾现象，应该飞离造成温差的冷热源，悬停等待水雾消失或返航。

航路突遇降雨

在复杂气象条件下飞行，要做好防雷击、防冰雹、防降雨的准备，在遥摄航程中突遇极端天气时，应采取迅速返航、紧急降落或飞离雨区等措施。

磁场干扰严重

无人机进入高磁场干扰空域，会出现回传信号时弱时强时断时续、指南针误动、App出现干扰提示、飞机稳定出现异常等情况，此时应该切换到姿态模式，迅速脱离磁场干扰区，或采取"一键返航措施"，在无干扰的地方，重新上电后校准指南针。

无人机不应进入变电站的强磁场环境。

冬季在寒冷地区高空飞行遥摄时，应该充分注意电池能耗的衰减因素。

无人机在超高压输电线路附近飞行，一定要注意保持安全高度和距离，一旦发现失控异常现象，需立即将无人机转向或爬升脱离。

培养心理素质

优秀的心理素质，是无人机摄影师的心理健康标准。

无人机遥摄摄影师应该具备与飞行员一样的心理素质。诚然，无人机不是真正意义上的飞机，不必苛求超强的心理素质。但是，摄影师必须了解飞行员优秀心理素质表现的主要方面，并以此为标准找出自身心理现状存在的差距，以便进行针对性的训练。

飞行员的心理素质要求

飞行员需要具备较强的空间认知能力、肢体协调运动能力、多方信息反应能力、超强的记忆能力、思维决策能力、注意力分配和转移能力。此外，还要具备较好的性格稳定性、情绪稳定性，较高的操作动作精确性、多向思维灵活性，以及承受严酷飞行环境的坚忍性，等等。

摄影师的心理素质要求

在系统的、动态的无人机飞行环境中，高强度、大负荷的工作状态下，摄影师应具备良好的反应能力、观察能力、思维能力、操作能力、综合信息处理能力，以及面对危险作业的心理承受力和耐受力，等等。

克服浮躁与紧张情绪

无人机遥摄的实施进程紧张繁杂，导致摄影师承受越来越大的精神负荷，潜在的浮躁与紧张情绪会给摄影师遥摄操作造成干扰和破坏。因此，为合理完成各项航摄程序，摄影师应该摆脱精神束缚，自我解压、放松情绪。关键时抛开杂念，可试着晃晃脑袋、捏捏眉头等缓解精神压力，设法找回自己的平常心和自信心。把思绪转到工作上，注意宏观把握和微观操作细节，时时提醒自己掌握遥摄要素。

在进行危险性较高的调查取证遥摄时，摄影师在高精神负荷下，容易出现意想不到的错误。

执行国际赛事之类的重大遥摄任务时,也会出现应急激动情绪,影响摄影师的正常心态。

在人群中,摄影师最易受情绪影响而过度兴奋使情绪失控,应集中精力,避免做出出格的超极限飞行动作。

在遥摄山林大火等重大灾情时,一定要保持平和的心态,避开危险,沉稳地按程序合理操控。

在无人机遥摄比赛中,许多选手都会因为紧张,出现应急激动情绪而发挥失常,出现低级操作失误。

旋翼恐惧分析

旋翼恐惧，是摄影师针对旋翼危害产生的自警意识。

时下，无人机遥摄领域应用最广泛的是旋翼无人机，桨叶是旋翼无人机产生升力的主要部件。我们之所以把桨叶作为最令人担忧的安全部位，是因为它既是肇事的凶器，又是深关要害的仪器，无论伤别人还是伤自己，后果都不堪设想。

桨叶飞旋危及安全

桨叶飞旋在机体的外围，像全方位飞转的"刀片"一样咄咄逼人，令人望而生畏。它们的特点是：软的欺、硬的怕，遇到人群、动物等软组织，它就是杀气十足的绞肉机，会伤害到别人；而遇到坚硬的障碍物，它又脆弱得如扑火的飞蛾一般不堪一击，伤害自身。

桨叶损伤后果严重

无论伤别人还是伤自己，结果都伤不起。桨叶受损破裂后形成的伤纹有时肉眼很难发现，这就会变成定时枪弹，在旋转中随时会射出造成伤害。在飞行中，桨叶严重损伤后，会造成无人机失控或直接坠毁。

"恐旋症"诱发基因

不操控无人机的人不会对旋翼有深层的认识，只要你用上旋翼无人机，就会听到、看到桨叶事故的惨重后果，就会体会到"飞旋刀子"的危害性，随之产生对桨叶的"恐旋症"，这几乎成了无人机遥摄的职业病。其实，这种心理反应正是摄影师责任感和危险意识的反映，能够起到安全警示的作用。

知道厉害早早避开

我们在呼吁无人机生产厂家对旋翼做出物理隔绝式安全防护措施的同时，还是要提示大家，主动规避是旋翼无人机最好的防护措施，不碰人、不撞物是无人机操控的原则，"知道厉害早早避开"是简单的硬道理。

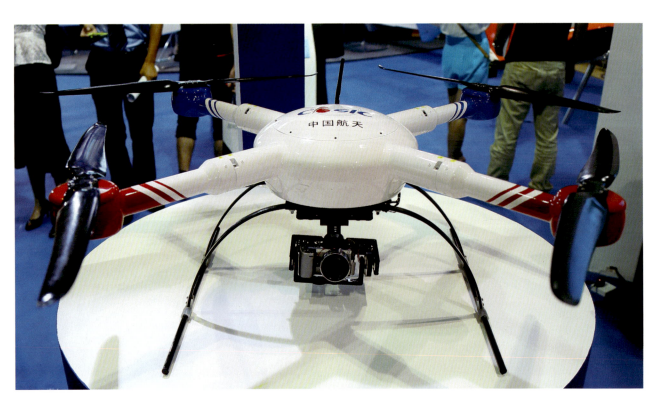

用于遥摄的无人机的4个旋翼分布在机身四周，在飞旋中极易产生碰撞。

大型直升机的翼展很长，高速运转时人的肉眼很难分辨它的运动轨迹，在直升机飞行中保持桨叶与障碍物之间的安全距离十分重要。

大型无人直升机的翼展也很长，飞行时需要保持较大的安全间隔。

在复杂环境中飞行，一定要避开障碍物。

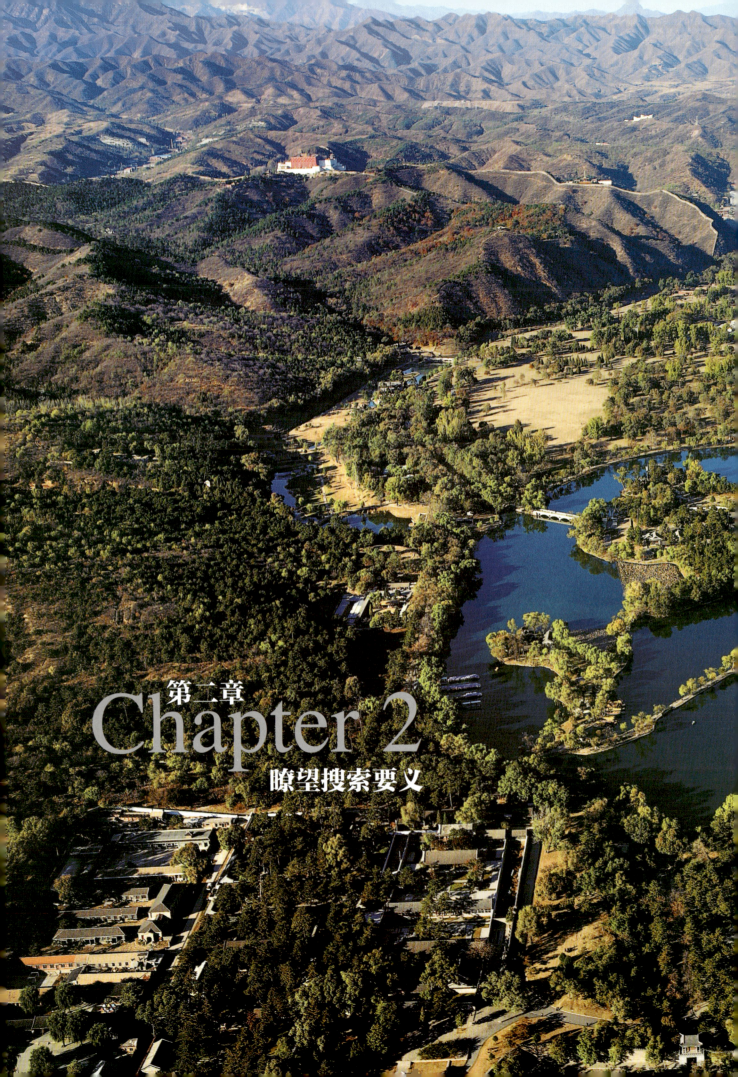

第二章
Chapter 2
瞭望搜索要义

看得见、找得着，是无人机遥摄的第一要义。

看不见、找不着，这活就没法干了。瞭望搜索，就是看景找物、观察发现的过程。无人机遥摄的最大障碍就是，摄影师站在地面只能靠无人机回传的画面完成瞭望搜索操作。由于机载镜头框取的局限，摄影师看到的监视画面与实际景物存在很大的差异，给摄影师发现目标、锁定目标带来诸多困难。

这一章，笔者将根据30年来乘各类飞行器升空2000余架次的航摄亲历，总结提炼出部分经验诀窍，分析空中瞭望搜索的要点和俯视观察的特点等无人机遥摄面临的难题。

增强俯视能力

增强俯视能力，就是培养从空中向下看的习惯和眼力。

地面上的平视和仰视，是人们与生俱来的本能。但是，从空中向下看的俯视能力不是天生的，人们在登临楼顶、山顶或乘飞机升空时，对眼前的景象完全陌生，以致会出现极端的恐高反应。因此，摄影师的俯视观察能力，必须进行刻苦历炼才能得到强化。

增强俯视发现能力

空中俯视时，观看的角度和距离使人物形体、景物落差产生变化，从而大幅度改变了摄影师的视觉认知习惯。摄影师应该在无人机升空后通过控制画面观察，适应这些变化规律，以便在俯视中发现更多的地面动态。

增强俯视瞭望能力

在航摄或遥摄中，摄影师应向前方俯视瞭望，对宽广的环境视场产生直觉，对纵深尚不清晰的景物进行拍摄价值的先期估判，决定是靠近观察还是一掠而过，以赢得短暂的心理和器材准备时间。

增强俯视识别能力

俯视使景物与环境的关系变得陌生，摄影师应该根据环境和地标特点识别预定目标，在无人机的机动变化中辨清与预摄目标景物的相对位置，观察其最佳俯视立面，并调度无人机进入理想的拍摄位置。

增强俯视简化能力

空中俯视大地不会处处充满生机，只会局部出现一些特点。摄影师要让目光跟着无人机的机动变化一起推拉伸缩，滤掉混乱无序的景物，从繁杂的地物地貌里提炼简约的画面构成，完成对俯视影像的简化取舍。

增强俯视造型能力

航空运动中光影透视在不断变化，摄影师应该对景物受光的俯视方向进行价值判断，选择最佳光塑造型角度，以期达到突出主体、烘托主题的影像效果。

借助监控画面发现和构筑画面布局，是考量摄影师能力的重要标准。

这是事前策划好的一次任务。摄影师要在舰舰中把握好对高速飞驶中的快艇的拍摄准度。

无人机在坝上草原飞掠，这座干枯的水库因其形状酷似一只蝌蚪而吸引着人们的目光。

在无人机飞掠中发现田野中有特点的场景，是难度不小的俯视捕捉能力。

在杂乱的港湾中，抓取到了这处秩序感强烈的简约画面。

跟踪遥摄野生鸟类，需要很好的俯视和发现能力。

三向视点协同

视点协同，是摄影师遥摄导航的视觉控制力基础。

操控无人机遥摄时，摄影师不能随飞行器升空，而是站在无人机、被摄主体和监视器之间的地面上。摄影师现场遥控操作时的视觉导航根据，来自平视、仰视、俯视三个视觉方向的信息。因此，本来是独立存在的多视点界面，在摄影师的拍摄意识中要关联起来，使之成为相互兼顾、补充的视觉信息源，并将其合理地融会贯通在实际操控中，这成为无人机遥摄的第一要义。

加强视点协同

摄影师操控无人机完成遥摄操作，其视线被分解为：平视，摄影师直面现场观察被摄主体；仰视，摄影师仰望无人机所在空中位置调整航向；俯视，摄影师通过监视器中实时回传的鸟瞰信号获取影像。因此，对平、仰、俯三个视点的相互参照、转换和平衡把握，成为遥控航摄的技术难点所在。

加强实地勘察

航摄前，应该对地标进行实地考察，了解将要进行航摄的景物环境特点、明显标志、地标方位等航摄要素，以增加对现场的平视感性认知，减少无人机瞭望搜索的盲目性，提高空中飞行的工作效率。

加强效果预测

根据图上推演、实地考察，了解被摄目标及周边地域范围的地貌特征和标志性建筑的位置。凭借俯视经验，对将要实施航摄的地标景物进行塑造要素的预前设定，比如光影塑造的最佳时段、无人机空中的高度认定、镜头的焦距焦段运用、俯视角度的倾斜度等遥摄要素，力争在起飞前，确定一个切实可行的遥摄实施方案。

加强直视导航

近程航摄时，遥控飞行器在摄影师的视线之内。应该结合俯视经验进行目测，对无人机在空中的位置、状态、空域进行精确控制，使之尽快进入理想的航摄位置。

加强视角互补

由于地面操控与空中相机的位置不同，造成摄影师与镜头的视界分离。因此，对能见范围的地标航摄时，摄影师应该结合自身的俯视经验，养成三点影像信息联动和注意力合理分配的习惯，做好平、仰、俯三种视角的互补。

加强成像校正

无人机遥摄基本上是在超低空高度进行，受地形遮蔽影响较大，导航系统信号易受干扰，造成无人机位置的自由漂移，直接影响机载镜头位置的偏差游离。操作中要通过监控画面，注意对预设目标聚焦的预测控制和过程控制，实时矫正画面的水平基准性和视觉合理性。

无人机遥摄中,摄影师可以按照各项艺术要素,调整无人机寻找最佳的拍摄位置,拍出较为完美的画面。

摄影师把无人机控制在视线中,对湿地环境进行遥摄。

快速凝结目标

快速凝结目标，就是在飞行中迅速选择并定格景物。

无人机遥摄是机动中的影像记录过程，应该以快速高效为前提，在运动中发现目标，在瞬间截取影像，以成像分辨率和清晰度为基本质量标准。为此，摇摄要适应高效快捷的操作要求。

快速凝结的"四快一沉"

全方位扫描式观察要快，发现目标要快，镜头指向目标要快，框取景别要快，聚焦目标要沉。所谓关键时刻的"沉"，是要沉着地确认精确聚焦，确保焦点清晰并做到万无一失。

快速聚焦的自动单点

在直面无人机机动中的景物变化时，建议用相机的自动中心单点聚焦模式，因为在这种模式下相机聚焦反应较快，可以保证在快速抓拍中被摄主体焦点清晰。

快速取景的"一点多联"

一点，就是把镜头对准被摄景物的兴趣点或视觉中心点，然后操作无人机后退，取得比需要的场景大一些的景别框取，为后期剪裁留有余地。

多联，就是围绕中心点周围较大范围的立面，用旋转包容拍摄法，让多张照片覆盖被摄景物，以便后期连接成环摄场景，取得大数据量、高品质的大场面影像。

快速拍摄的"一扫二补"

一扫，就是对重要目标及周围环境首轮进行快速扫描式拍摄。二补，就是如果情况允许无人机继续停留在现场空域，就应该沉下心来，进行重要环节的第二次精准补充拍摄，以确保航摄目标精准和完整。

这种对在丹霞地貌中私挖乱采的调查取证式"偷拍"操作，应该是以快速准确为前提的。

遥摄运动中的飞行物，摄影师所做的一切都必须快速高效，需要快速的反应和敏捷的身手。

野生鸟类的起飞毫无规律，海面突然跃出的野鸭子带着波光，从出现到消失只有短短几秒的时间，成功凝结飞鸟主体，是对摄影师技术操作和反应能力的综合考评。

以20米超低空高度迎头拍摄海上快艇，用1/4000秒的快门速度可以凝结目标。

识别地标景物

识别地标景物，是遥摄中确认目标影像价值的过程。

地标景物，分为预定地标和随选地标。遥摄时无人机根据预定航线飞抵预设区域，而观察识别地标景物，准确地发现、确定特定地标和随机发现、选择兴趣点，是对摄影师观察、搜索能力的考量，也是完成遥摄任务的关键所在。

抓住拍摄时机

根据飞行航速，在预定到达时刻前 5 分钟，向前方做概略观察。观察方法是：由远而近，由侧到前，由大到小。逐步缩小观察范围，直到判明地标位置。

抓住地标特征

中、高空飞行，主要根据地标的俯视平面特征识别。低空、超低空飞行，除平面特征外，还要按地标类别的侧视特征进行瞭望观察。对预定地标，应该在航摄实施前做空中侦察结合地面考察，以期获得地形地貌、嵌入特点、主题性状等要素的视觉认知。

抓住相关景物

有些地标景物本身缺乏明显特征，如楼宇、高地、河道等，要以周围相关景物的相对位置作为识别依据。摄影师应该用直视结合监控器观察，在认准地标景物后开始实施遥摄操作。

抓住地标全貌

在不能完全确认主要地标的情况下，应该采用覆盖式摄影方式，提升无人机高度或用广角镜头，尽量大范围地把地貌环境遥摄下来，并把疑似主体景物存在的地域进行影像覆盖，确保把全部目标包容在镜头中。

无论摄影师是否看得见南昌市区的八一广场，无人机的回传信号都会把摄影师的目光引导到那里。

按照飞行导向仪器，我发现了位于乌鲁木齐市远郊的亚洲中心标志。

按预先的地面勘察，无人机很快就找到了预定地标。

对于难以发现的隐蔽目标，需要空中和地面的立体搜索。

由于查阅了坝上草原景点图片介绍，在无人机 300 米飞行高度我发现了著名景区七星湖，操纵无人机机载镜头框取目标并让天光映亮湖水。

选择局部景物

选择局部景物，就是从繁杂世相中寻找简约的表现主体。

从平视改成俯视，许多摄影师就会在激动的情绪中盲目用镜头概览，使画面因纳入不必要的细节而杂乱无序。无人机遥摄应该是形象减法工程，图像中与主题无关的内容越少，主体就越醒目，主题就越明确，形象表现力就越强。

用审美提炼局部

摄影师要调动日积月累的审美经验和审美鉴赏能力，运用色彩、形状、线条、质感等审美要素，在摇摄特有的俯瞰透视关系中，创造性地寻找秩序，建立兴趣中心。

用框式观察局部

无人机升空后，在任何情况下，摄影师都必须进行初步的现场俯视观察，在回传的大幅面扫描式图像中，建立"再取景"观察意识，让眼前永久性地套着取景框，从监视画面中再次进行取景选择，建立由远到近的景物镜像框取习惯，让取景框里永远是最简洁的画面构图。

用靠近获取局部

发现并框取景物后，应尽量让主体景物充满视场，以突出某个细节，增加图片像场利用率，并对这个形象要素加以强调，使之形成特写镜头，取得较好的视觉冲击效果。

用景深突显局部

在中低空高度摇摄，景物会出现高低落差和前后纵深。应该利用镜头大光圈缩短景深的特性，使被摄景物清晰范围压缩，对纷乱的地貌景物进行过滤，去掉分散注意力的影像干扰因素，从全景中调出视觉兴趣点。

在眼花缭乱的建筑群中，选择有拍摄价值的局部十分困难，我选择了北京游乐园最好玩、最具表现力的部分。

把小船和浪花作为视觉中心框取下来。

图中是冰雪覆盖的烟台海滨最具特点的海岸线和标志性建筑，形成这幅摇摄影像局部特征的是曲线与斜线的交汇。

三次画面框取

三次画面框取,是通过监视画面锁定目标精确取景的过程。

无人机遥摄,是运用监视画面对被摄景物进行现场搜索发现、调整选取,并通过镜头对景物镜像进行框定,最终完成航空影像获取的过程。从初始观察到最终拍摄,摄影师面对监视器里的现场回传画面要进行三次框取操作,也可以理解为对场景的三次选取:远景、中景、近景。

瞭望搜索远景框取

无人机飞临现场之初对景物的框取,是出于搜索目标的需要,摄影师需通过无人机机载镜头的瞭望,对现场地物做地毯式移动画面观察,对环境和地貌景物进行初步了解。这种框取应该是盲目的、不确定的,它的镜像视界应该是越开阔越好。因此,应该让无人机与景物的相对距离较远,镜头广角开大,以取得较大的视线包容。

发现目标中景框取

在广阔的鸟瞰视野环境中,摄影师运用俯视观察经验,发现预定目标或随选兴趣中心,操纵无人机机载镜头对其进行第二次框取,让目标在飞掠移动的影像中停留片刻,进一步观察以确定它的影像价值,拍下中景照片。

精确定格近景框取

在确定被摄景物的价值,决定对其进行拍摄的同时,摄影师开始进行第三次精确框取。通过镜头焦段调整或前后距离调整,把被摄景物合理地、恰到好处地框取于监视画面之中,最后按动快门完成对这一航空影像的获取。

无人机在500米高空围绕南海观音像进行观察飞行。

无人机下降至300米高度进行带着环境的观察遥摄。

无人机继续下降至 150 米，对观音像进行特写拍摄。

无人机在景德镇市区200米中空飞掠观察，摄影师在影像画面中发现两座古塔。

立即操控无人机降低高度进行取景，拍下两座古建筑的关联画面。

再降高度至50米，遥摄两座古建筑的标准像。

捕捉兴趣中心

捕捉兴趣中心，就是在空中抓拍重要、好玩、显眼的景物。

空中俯瞰辽阔大地，并不是处处充满美丽的画面。摄影师必须把目光投向一隅，经过观察和选择，发现和捕捉感兴趣的面和点，并确立它在画面构成中的视觉位置。

哪儿重要拍哪儿

多半遥摄任务是有主题的目标主体涵盖，就是在指定地标范围内完成预定主题内容要求。因此，这个兴趣中心应该是事件发生的中心点，或是目标景物最具视觉表现力的主体部分。

哪儿好玩拍哪儿

与任务性遥摄相比，我更喜欢在空中无主题的兴趣选择。就是在纷乱的大千世界中，完全凭借自己的审美观念发现、撷取兴趣中心，完成自己的创作意愿。

哪儿显眼拍哪儿

尽管兴趣中心不完全等同于视觉中心，但是我们要求摄影师应该在空中运用主体安排、背景分离、框架形式、线条引导、焦点选择等一切技术手段完成兴趣中心的塑造，并尽量把它确立在影像的视觉中心。在后期制作中，摄影师应在不改变影像真实性的原则下，运用画面剪裁、色彩处理、影调选择等艺术手段，加强趣味中心的气氛营造。

这里的农舍和梯田像飘扬的旗帜，吸引着我的注意力。

涉水的一对水牛成为我捕捉的对象，小牛的大眼睛成为画面的焦点。

我特别关注用血肉之躯抗争在车流缝隙中的摩托车，用车体形成的图形交汇点，形成视觉兴趣中心。

兴趣中心可以是一个点，也可以是一个面。在这幅画面中，运河的大拐弯成为我感兴趣的曲线。

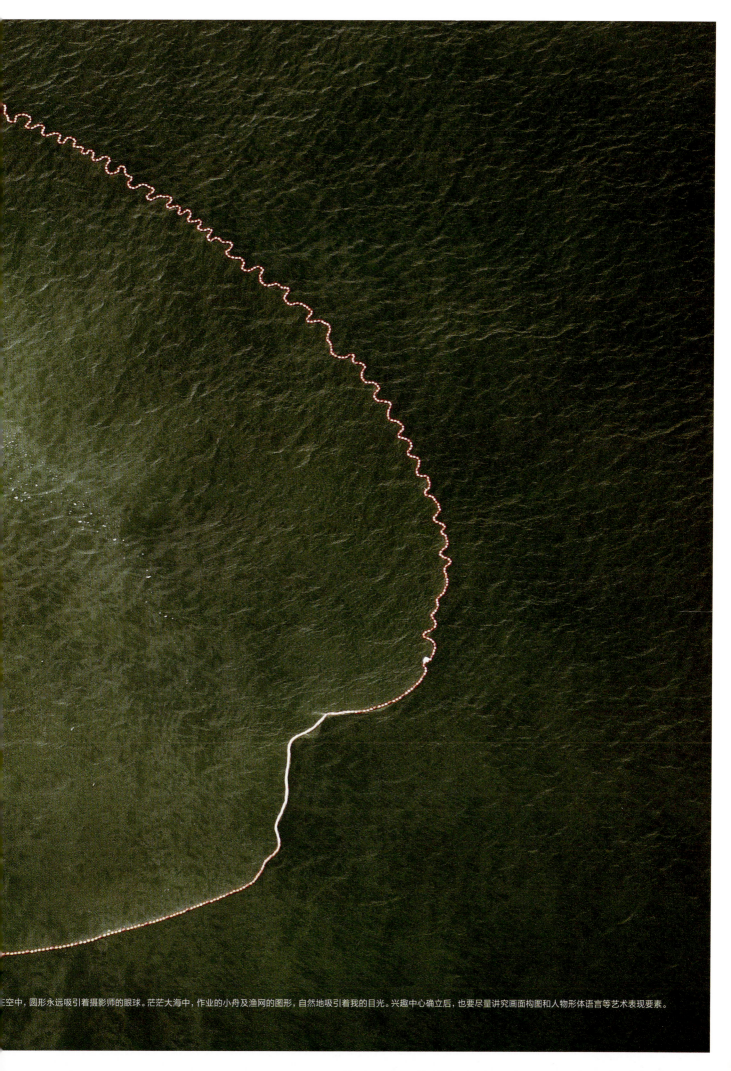

空中，圆形永远吸引着摄影师的眼球。茫茫大海中，作业的小舟及渔网的图形，自然地吸引着我的目光。兴趣中心确立后，也要尽量讲究画面构图和人物形体语言等艺术表现要素。

超视搜索要点

超视搜索，是指无人机超出摄影师可视范围搜索目标。

无人机飞离可见范围，脱离直视监控后，遥摄难度随之增加。摄影师只能靠机载相机回传的信号，观察认识现场立体空间环境，搜索预定目标或发现兴趣中心。那么，如何减少盲目性，节省留空能量，增加搜索效率呢？我以为，应该借鉴乘飞行器对陌生环境进行航摄的章法和程序。

遥摄飞行高度的分层

根据现阶段一般性遥摄实际操作中的惯例，以地面制高点为"零高度"，以上300米的飞行高度列为"高空"，100米左右的高度列为"中空"，30米以下的高度列为"低空"。

高空盘旋地毯式观察

超出地面最高的地物300米高度，对无人机来讲已经是比较高了，视野范围也相对开阔。在这个高度摇摄，宜用广角镜头大俯角对地垂直地毯式浏览观察，建立地理环境的印象，也可以选择典型的地貌特征进行遥摄。

中空盘旋浏览式观察

在高于山巅楼顶等制高点位置几十米至100米的高度，适宜用倾斜俯视角度在移动中观察，用于寻找被摄主体特征，发现被摄主体与周边环境的嵌入关系。

低空盘旋要点式观察

低空高度一般在略高或低于高地和楼群的位置，在机动飞行中用相对轻度俯视角仔细观察，辨明被摄主体的相对位置、主次关联和透视关系，最终确立目标的最佳立面。

多点悬停精准式遥摄

围绕被摄主体进行细节观察、确定主立面方向和俯视角度后，进行精确的高度选择和角度调整。最后，让无人机在短暂的悬停状态下，完成最后的横竖画幅选定、大小景别框取等摄影要素的定夺和实施。

强调典型地标的记忆

在无人机超视距飞行中，摄影师应通过监视画面，记住飞经的典型地标和特殊地貌，这叫"老马识途"能力。此举是为了在无人机受到电子干扰、GPS导航失效的情况下，摄影师根据对地貌特征的记忆，自主操纵引导无人机沿原路返航。

我们奉命寻找一处城堡古迹，无人机保持500米巡航高度，通过监视画面大范围搜寻。

无人机在山野沟坎里飞行，摄影师在无人机超出视距范围的情况下发现了这处预定目标。

操控无人机降低高度，并进行环绕飞行，最终确定表现这座古城堡遗址的最佳视角和立面。

无人机消失在鄱阳湖广阔的湿地地貌环境中，摄影师通过监视器掌控它的行踪，并通过镜头选取兴趣中心，定格有价值的影像。

应对飞掠刺激

飞掠刺激，是飞行器与地表互动时，摄影师产生的视觉和心理反应。

在大面积的地面景物搜索中，无人机与地表相对运动速度较快，摄影师眼前的景物高速飞掠，反应和识别时间较短，会给本已高度紧张的视觉神经增加高强度负荷，使摄影师出现剧烈的心理和生理反应，这种刺激直接影响摇摄操作的准确性。

视线角度窄

低空飞掠，会使视线角度变小，观察范围受限，影响摄影师对地标全貌的观察把握。因此，需要摄影师经常提醒自己注意观照全局。

判断能力差

低空飞掠时，无人机与地面景物的相对角速度增大，摄影师瞬间取舍判断能力变差，应注意避免摄影操作中容易出现的"错、忘、漏"现象。

精力消耗大

低空飞掠时，地面景物大角度向后闪过，会使长时间监视观察的摄影师产生应激紧张和视觉疲劳，导致注意力范围狭窄。摄影师要摆脱瞬间出现的视觉定向困难，避免滤掉预定目标景物。

反应时间短

低空飞掠时，目标地域留空时间短，摄影师发现目标和感知目标的时间过分仓促。摄影师应注意用光、取景、立面、俯角等艺术表现形式把握。

延时时间长

低空飞掠时，肉眼看到目标后转到大脑做出拍摄决断，大脑再发送信息给肌肉操纵相机，相机机械做出响应，综合计算最快延时需要 4 秒钟。在高速运动中，被摄主体的相对位置在延迟时间里会发生很大变化，摄影师必须增加拍摄提前量和敏捷性。

无人机贴近地表飞行时，景物高速后掠，给摄影师的视觉和操作带来障碍。操作必须以快捷为前提，简化思考、选择、定夺的程序过程，尽量闪摄并多按快门。

在监视器上观察海涛涌动，摄影师容易被带进视觉漩涡，造成视觉混乱。

低空遥摄飞行物，容易在无人机运动和飞行物运动中，产生迷茫的晕眩现象。

注意低飞危险

超低空飞行的危险程度，可以说是在与炸机擦身而过。

这不是耸人听闻，因为无人机事故大多数发生在超低空飞行中。这里我们通过对超低空飞行难点的分析，对飞手（无人机驾驶员的俗称）的紧张状态和复杂操纵做一个必要的了解，明白超低空飞行的险象环生，摄影师应该节制自己的创作激情，避免超低空飞行给安全造成威胁。

超低空飞行难度分析

超低空飞行，视角窄，死角大，给遥控操纵带来困难。空气密度大、能源消耗大，造成无人机续航力缩短。相对运动速度快，观察时间短，操纵紧凑连贯，飞手精力消耗大，容易因疲劳产生错觉。同时，由于与地形地物接近机动受限，出现特殊情况时处置时间短，飞行安全系数小。

超低空飞行安全提示

无人机遥摄首先是飞行，而后是摄影。

在完成遥摄使命时，应该以保障飞行安全为前提。超低空飞行时，要保持冷静的心态，不受情绪影响，正确操控飞机，迅速处理险情，避免危险接近，加强防相撞意识。

超低空遥摄切忌任性

对摄影而言，高度越低观察就越清楚。

对飞行而言，高度越低飞行难度越大。

"低点，再低点！"这是摄影师的共同愿望。但是，在要求最大限度接近地标，努力增强视觉冲击效果的同时，往往会忽略超低空飞行的操纵难度、复杂程度和潜在危险，只顾追求效果而致命低飞，削弱对飞行安全的控制力。

在海洋和海岸上飞行，要随时注意电量的消耗情况，避免无人机坠海事故发生。

保持方向意识

方向意识，是遥摄中摄影师对无人机所处方向的感觉。

方向感，是摄影师空中辨识地标景物的直觉基因，涉及个人的记忆力、空间感和方向掌握的判断技巧。许多简易无人机的回传信号中只有一个粗略的机位与无人机的相对方向指示。摄影师应该依靠经验和本能保持明确的方向感，感知和辨识无人机航向，识别地标方位。

不可失去方向感

方向感是无人机遥摄的操控基础，失去方向感俗称"找不到北"。在超出视距的大范围飞行中，失去方向感的摄影师会造成空间关系认知混乱，对位置和顺序判断失误，以致无法操控无人机进行地标地物的遥摄作业。

注视力紧盯航向

注视力，是摄影师观察力的强化。方向感的形成应该从地面开始，首先认定无人机向哪个方向起飞，盯着地表景物的变化，无论无人机在升空过程和飞行中如何盘旋转向，摄影师必须不间断地对方向进行判断，才能始终保持清醒的方向感。

手感体会操纵航向

摄影师的手指是无人机转向舵手，手感是摄影师方向调整的依据。可以根据感觉悟出无人机方向的变化和转向的大小，从而对航向变化有粗略的估计。

参照物辨识航向

参照物，是摄影师找到和保持方向感的基准。太阳的光照方向、房屋的建筑方向、河流的流动方向等，都是准确辨识地物空间关系的参照基准。摄影师应该养成通过地物投影方向"找到北"的习惯。

随时能调整航向

"掉向"，是人们对迷失方向的俗称。当无人机在空中转几圈，摄影师几乎都会"掉向"，关键是根据地物参照和监视画面的提示，能够快速准确地从"掉向状态"中矫正过来，找回自己的方向感，这是摄影师必须具备的本事。

根据古建筑主立面一律向南的光照方向判定航向。

进行空中观察时，高大建筑在阳光照射下投下的阴影清晰可见，就像一座座方向标。

在没有参照物体的田野里，人的影子也可以作为方向意识的依据。

运用潜望遥摄

潜望遥摄，是套用潜望镜向上伸出窥探的拍摄方法。

这是一种确保旋翼无人机飞行安全的遥摄操作方法。当遥摄中遇到极端气象、恶劣环境，或是在黑夜视线极差的情况下，飞行和观察受到局限时，可以采用"潜望遥摄法"。

潜望遥摄法的特殊用处

摄影师操纵无人机在自己的头顶上直上直下地升降、观察、搜索、框取、定格，等于摄影师扛着一台自由上下伸缩的潜望镜在地面游走。把无人机的盘旋飞行，换成摄影师在地面的机位移动，以减少空中机动的风险。

潜望遥摄法的操作方法

摄影师在遥摄现场首先找好一个确保安全的机位，让旋翼无人机在自己的前方垂直升起，分高度层观察瞭望和拍摄。然后，直线下降回到摄影师面前位置。

潜望遥摄法的注意事项

确保机位上方位置无任何障碍物，保障无人机起降的垂直通道；确保机位附近没有强电磁干扰，必要时应暂时关掉自动导航设置；确保机位附近有安全起降的空间；确保无人机垂直起降，不带飞行角度，直着上去、直着下来；确保无人机在黑暗和迷雾中，不与任何人和物发生碰撞。

潜望遥摄法的适用场合

在现场能见度极差的夜间，在现场能见度极差的积云和浓雾中，在极为狭窄的地井式空间中，在险山峡谷的复杂地况中，在电磁干扰强烈的情况下，在密集的楼群、塔群、高压线路的环境中，均可采用潜望遥摄法。

平流云席卷大地，电视塔的尖顶孤寂地刺出云层，从云缝里窥视大地，云与地物形成的隐藏式空间概念，使我们产生一种仙人君临的神奇感。

在低云密布的气象条件中，把无人机垂直升起进行潜望遥摄。

在夜晚的楼群中，应该减少低空盘旋，进行潜望式定点悬停遥摄。

第三章
Chapter 3
航空摄影要义

对于航空影像获取而言，无人机是其中的一种工具。

无人机遥摄，是基于观察发现和创作理念驱动的，飞行驾驶技术和遥控摄影技巧只是完成影像截留的某种手段。有人预言：随着无人机和照相设备的日趋智能化，摄影师或许会变得愚笨。我以为，无人机遥摄面对的是运动中稍纵即逝的景物，无论科技如何发达，都很难完成摄影师获取完美影像的苛刻要求，敏捷娴熟的设备控制能力永远是考量摄影师的要义。

本章将给大家介绍无人机遥摄特有的航空摄影技术技巧。

强化空间意识

立体空间意识，就是对景物三维空间透视的全方位认识。

客观存在的现实空间是三维空间，具有长、宽、高三种度量。而站在地面操控无人机的摄影师，只能在监视器里看到现场回传的二维平面影像。这就需要摄影师具备较强的立体空间意识，在拍摄意念中自然生成三维立体空间环境的印象，以便在平面监视画面的提示下，操纵无人机在现场立体空间中游刃有余地拍摄。

立体空间意识缺失的后果分析

许多初涉这个领域的摄影师，因为缺少俯视观察的训练，缺乏对立体空间的认识，面对监视器里实时回传的俯视鸟瞰二维画面，感觉不到现场的立体空间存在，只是把这些表层俯视影像看作地表平面结构图案的线性变化，于是，仅捕捉到了千篇一律的"垂直印章式"模式化影像。

立体空间意识应在俯瞰中积累

针对遥控航摄的职业特点，应该要求摄影师创造条件尽量多地乘坐各类飞行器，在空中环境锻炼对地俯视观察能力。或者登高望远，在高山、楼顶向下俯视，增加对立体影像空间透视视觉特点的体会，促使立体空间意识的生成，弥补摄影师在这方面的先天不足。

立体空间意识应发挥实际作用

具有专业水准的无人机摄影师，应该具备良好的空间感知能力，哪怕无人机已经飞出视野范围，也能够熟练地通过操纵无人机进行有章法的立体式影像覆盖，从监视器里的二维影像信息获得三维空间的印象，从而完成被摄主体由三维立体空间再次被凝结为平面图像。

在障碍物林立的楼群中飞行，一定要注意地面平面监视与空中立体环境的意识转换，时刻提醒自己无人机飞行在复杂的城区障碍物体中。

运用地表线形构成表现画面的立体感和纵深感。

在航摄城市名片时，应该避开高层建筑，寻找有表现力的典型美术化场景。

正确选择机位

机位选择，就是寻找摄影师现场遥摄操控的位置。

与乘飞行器升空航摄不同的是，遥摄时摄影师与无人机机载镜头分处地面和天空两个位置。我们把摄影师地面遥控操作的地点，界定为无人机遥摄机位。这个位置的选择和确立，将对遥摄操作及获取影像的结果产生较大影响。

选择在适宜起降的地方

我们给无人机选择空旷的地方起降，并不是因为起飞时需要多么宽敞的机场，而是要确保返航时能够顺利降落。特别是在特殊情况下，能够在机件损伤、电量不支、严重干扰等失常的状态中，使无人机化险为夷地安全落地，不致伤人损物。

选择在确保安全的地方

摄影师在选择地面机位时，应该首先想到自身安全，比如：在身处高危境地，面对火灾、水灾、火山、辐射等灾害现场时，必须寻找相对安全的机位；在突发恶性案件现场取证时，应该寻求有效防卫自身安全的隐蔽机位。同时，也要考虑确保无人机飞行安全。比如，在地形险要、人群密度大、建筑复杂的环境中，应该选择保障无人机飞得出、回得来的机位等。

选择在居高临下的地方

占领制高点，是无人机遥摄机位的首选。这是给摄影师一个登高望远的支撑点，使他们在扩大视野范围的基础上，能够取得与无人机相近的俯视观察条件，不同程度地缩小无人机与被摄主体间的视角差距，以利于摄影师的观察和操控。

选择在适于瞭望的地方

无论现场如何纷乱复杂，摄影师都必须寻找一个视线好、视野开阔的空场，能够直接看到无人机飞行轨迹和进入预定被摄主体的位置，作为立足之地和起降场。因为在监视器里发现一根电线是非常困难的，无人机在高压线中穿行时，摄影师最好发挥直接目力精确导航的优势，避免超视距飞行的短板。

选择在没有干扰的地方

在现代社会生活中，阻碍无人机遥摄的外界干扰因素多且复杂。磁力、热力、风力、气流等都是无人机遥摄的大敌，轻则损失回传信号，重则会造成炸机。因此，无人机遥摄机位必须选择在没有复杂外力干扰的地方，既能便于遥摄操控，又有利于"一键返回"等特情处理。

在强烈日光照射的情况下，摄影师可以找一片适合的阴凉处或在树荫下操控。

对施工进行监理,摄影师应该将机位设在现场以外。

在捕捉移动目标时应随机移动机位。

慢门追摄动体

慢门追摄动体，就是用慢速快门跟踪遥摄运动中的物体。

这是一种摄影艺术表现手法，就是有意将快门速度降至1/30秒以下，跟踪聚焦飞机、汽车、动物等运动物体，使运动中的主体清晰定格，前后左右的景物虚化成线条，达到突出主体、夸张动势的视觉效果。

应该锻炼追摄

目前，许多无人机生产厂家针对追随摄影的需求，设计研制出"盯着我""看着我"这样的追摄程序软件，使追随摄影变成简单的程序化操作。但是，我仍然主张摄影师将其作为摄影的主要技能，应该练习这门基本功。

慢门追摄要领

首先，判断运动物体的轨迹走向。然后，把焦点汇聚于被摄主体。操纵无人机追随被摄运动物体，将其调整到与被摄运动物体同向等速。或移动镜头指向被摄运动物体，只要镜头与运动物体的运动方向一致，在取景器中心点和运动物体等速移动中按下连动快门，用很低的快门速度就可凝结被摄主体。

追摄训练要点

追随摄影需要有一个技术熟练过程，摄影师应该从追随遥摄汽车、自行车等运动物体开始，通过渐进训练，锻炼和掌握运用极慢快门的情况下，无人机机载镜头摇移幅度与被摄动体一致的技术要领，逐步缩短其与被摄运动物体的间距，并从1/30秒开始，逐步降低快门速度，以达到预期的动感影像效果。

"盯住"单向行进的车辆追踪遥摄，用1/10秒的慢速快门，地面出现了一部分车辆虚化，另一方向行进的车辆清晰的动感效果。

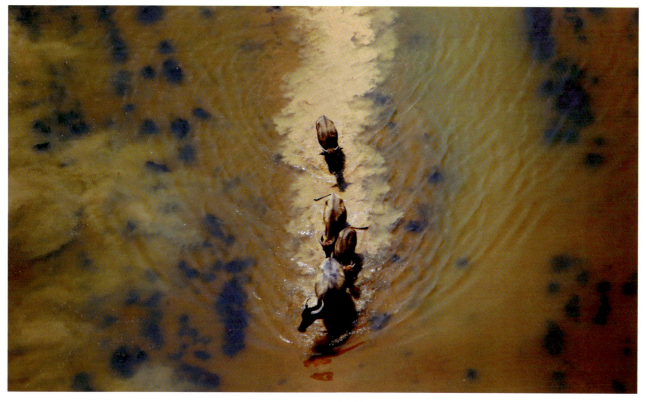

对行进速度缓慢的物体进行遥摄时,不适用慢速追摄技术,只能采用高速定格操作。

操控无人机与高速行驶中的列车等速飞行,用1/50秒慢速快门追摄主体的影像效果。

控制俯视角度

控制俯视角度，就是俯视程度的适度应用。

随着无人机遥摄的普及，空中俯视迅速由"上帝视角"走下神坛。不久，初涉航空刻意炫耀垂直视野的摄影师们，也从激动中回归理性，开始分析航空俯角在影像表现中的作用，并把精确预测最佳空中机位，作为无人机遥摄的主要手艺。

俯角的量化定位

航空俯角，以无人机载相机为坐标，按摄影光轴与铅垂线间形成的夹角，可分为四个幅度：90°为平视角，小于90°的为仰视角，大于90°的为俯视角，180°为垂直俯视角。

俯角的特点分析

摄影师拥有无人机后，都会被向下的视角所吸引，进入狂热的"百度地图"式的垂直影像"扣摄"阶段。但是，他们很快就会发现垂直观察存在的局限性。比如，在头顶上方遥摄人群，很难表现人物情绪；垂直遥摄建筑，很难表现高度落差；正对下方遥摄群山，很难表现纵深感，等等。因此，不是所有题材的拍摄都适用垂直视场。

俯角的合理运用

在飞行机动中，无人机的视角变化异常便捷。好的摄影师不会一味强调无人机的大垂角俯摄，也不会开着无人机瞎转找角度。他们会借助俯视经验，对遥摄目标场景有一个相对准确的预判，操纵无人机以预设航向、高度和角度进入现场，恰当地运用机动俯角优势，完成对景物塑型的理想立面截取。

立面的角度选择

因为监视器里的影像远不及在空中直观的视场范围和效果，如有可能，摄影师应该乘飞行器升空体验，对被摄主体俯视立面的特点进行了解，然后结合俯视变化规律操纵无人机，对地标的俯视立面进行近、中、远三种距离的透视分析，低、中、高三个高度的俯视观察，还要进行垂直角、仰视角、滚动角和偏航角的全方位观察和试拍。

目标的高度判断

进入预期空域后，可以适当提升和降低无人机高度，让镜头恰到好处地包容概览地标范围。必须注意的是：由于无人机遥摄的景别框取不像摄影师升空直接对地航摄那样精确，因此，应该尽量把无人机高度定位提升，使摄取目标景物的范围扩大，以便后期制作时进行合理剪裁。

遥摄无人机不应该总是高高在上，而应该能上能下。这个向下120°俯视的角度，能够较好地表现太行山区地貌环境的立体景象。

在未来的遥摄影像艺术表现中，调度无人机角度，寻找最佳的画面线性构成，是表现力建设中的技艺要务。空中对地标呈45°俯视角遥摄，是表现建筑群落的最佳俯视角度。

让无人机降低到能够较好表现会场活动的高度、角度和位置，是一个非常简单的操作。

垂直对地"扣摄"，会使建筑失去高度感。

强调垂直扣摄

垂直扣摄，就是以对地垂直视角，像盖图章一样俯摄。

任何带有角度的俯视方向，都不能与垂直观望的视觉魅力相媲美。因此，无人机遥摄应该最大限度地发挥垂直俯瞰的优势。因其像盖印章一样扣取产生图像，我们给它一个通俗的简称——"扣摄"。

垂直俯瞰的优势

垂直俯瞰极大地改变了人们的视觉习惯，拓宽了人类的视野范围，使我们得以用崭新的视角观察完全陌生的景象。因此，垂直视角是航空摄影最大的视场优势。

垂直俯瞰的局限

绝对的垂直俯视，会使山脉、高楼、云层……失去高度落差，削弱壮观的气势，也会因看到的尽是山顶、屋顶、塔顶……而缺乏立体的视觉效果。

垂直扣摄的要点

镜头与大地呈垂直视角，镜头中景物的视野范围较窄，相对运动速度感加快。低空拍摄有高度落差的地表景物，必须根据情况保持一定景深范围。应该多用斜角照射光线，让景物的影子拉长，纹理和形状凸显，增加主体透视感及与周边环境的关联性。

垂直俯瞰承德皇家避暑山庄，画面呈现出强烈的陌生感和新鲜感。

这幅照片的拍摄角度不够垂直，避免了海滩上的人群成为密集散布的点状头顶。

垂直俯瞰时, 空旷的海滩容易让摄影师产生地心引力的错觉, 容易失去平衡和定向能力。

垂直扣摄,加上过分的环境局限,把北京天池耸立云天的高度感抹平了。

选用镜头焦段

选用镜头焦段，就是选择不同焦距的镜头框取景物。

镜头焦距的长短，除扩大和缩小被摄景物在画面中的面积，还会对景物成像的纵深范围和视觉效果产生影响。通过遥摄时采用不同焦段的镜头，物体在影像中的大小关系会产生变化，使画面出现不同的布局框架结构和距离透视效果。

标准镜头

视场感觉与人们肉眼观察景物的视角接近，具有通光孔径大、清晰范围大的特点。

遥摄中，使用标准镜头可以保持景物透视效果不变形，在光照不足时，可以开大光圈增加通光量。

广角镜头

视角广，景深长，景物纵深感延伸。

遥摄中，广角镜头不易受运动及晃动影响，可以极大地覆盖地标面积，保持清晰范围并使景物的空间距离拓展。

长焦镜头

压缩空间，景深缩短，使画面成分显得紧凑，可产生剥离背景、突出主体的效果。

遥摄中，每一个小小的震动对长焦镜头的影响都会被放大，镜头焦距越长影响越明显。遥摄远距离景物时，雾气和尘埃会减弱反差和清晰度。目前长焦镜头运用于无人机遥摄还有许多技术问题有待解决，只能用改变空间距离的方式来调整景别。

用 16mm 广角镜头垂直俯摄河南村庄，让小方块的图案按一定规律无限复制，以放射性形态布满画面。

用50mm标准镜头拍摄热气球群起飞过程。

利用中焦镜头近距拍摄，让景物充满画面。

掌控视觉差异

视觉差异，就是空中看见的与拍下来的不同点。

无论照相器材是否达到或超过肉眼的智能与包容度，无论摄影师如何努力追寻现场纪实的影像真实，人的主观愿望与机械记录之间，空中视觉感受与相机还原之间，永远存在着一定的差异。摄影师必须了解这些差异，以便掌控相机记录的最终影像结果。

定格的差异

肉眼观察运动物体，很难辨清其运行轨迹、质地结构及瞬间动态等。只有相机抓拍并使影像定格，才能清晰地观察和分析这些细节。

光感的差异

肉眼可以包容反差很大的光线，而相机目前只有一定的宽容度。在无人机飞行中记录光比很大的影调时，影像会出现曝光不足或过度的部分。

动感的差异

在无人机遥摄的运动过程中，肉眼可以凝聚运动物体，并感觉到它的速度，而图片摄影却很难从静止画面中完全表达这种动感。

色彩的差异

肉眼观察到的色彩范围与镜头记录的影像色域，存在着一定的色差。20 世纪，摄影师用滤光镜改善影像的色彩和反差。如今，我们可以在后期色彩处理中进行调整。

视辨的差异

当今，照相设备已开始超越肉眼的分辨能力，无论是远距离、弱光，还是雾气障碍，先进的摄影器材将日趋拓宽人类目力分辨的局限。

透视的差异

距离会使景物产生诸如近大远小、近艳远淡、近清远糊等透视变化，而相机镜头却会用透镜的折射规律改变这些透视效果。

比例的差异

在空中看上去很小的目标，通过长焦镜头拍下来，就会放得很大。许多景物由于俯视角度、透视距离、光影夸张等遥摄要素制约，会导致影像比例感失调。

相机记录和肉眼观察的最大差异是比例感。取景框可以把偌大的场面局限于一个局部，使画面简洁、视线集中，但往往会失去空旷感、纵深感和浩瀚感。

人类在强光下无法睁开眼睛，而相机却可以压制强光，拍摄下富有层次感的影像。

人类可以根据视觉习惯，感受高度落差的存在，而相机只能记录图案的组合。肉眼观察的距离感是相对准确的，而经过任何镜头的再现，影像都会因焦距透视原因改变实际的距离感。图中镜头记录的这座上下两层的桥梁，重叠在一起，没了距离感。

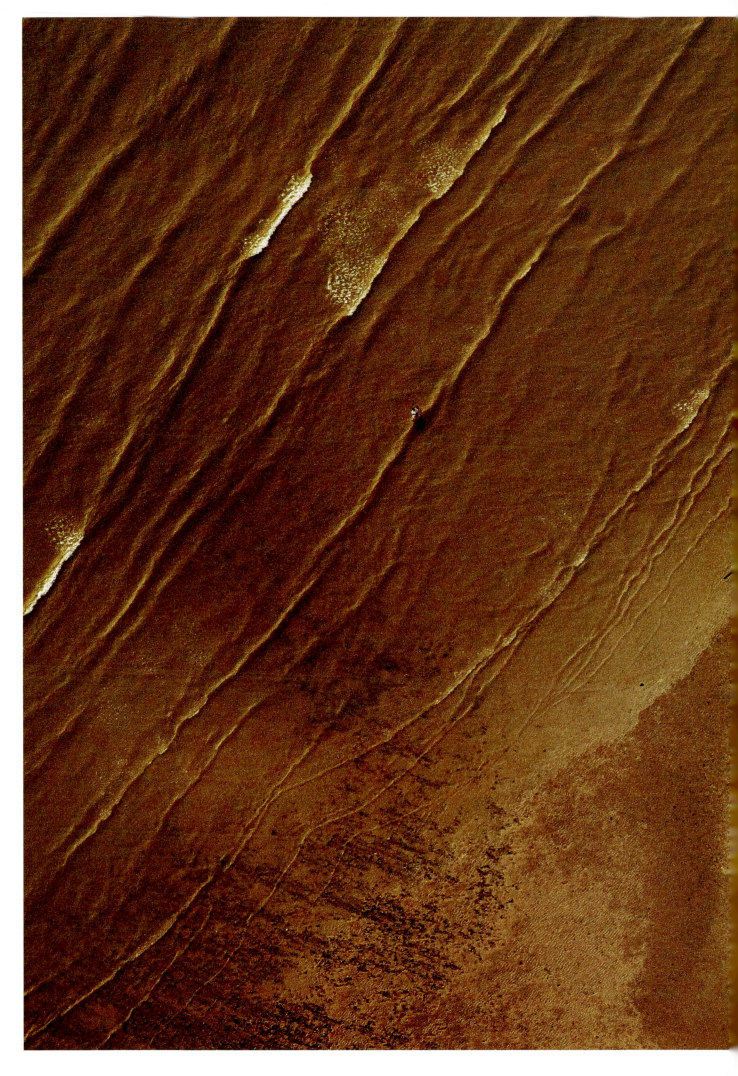

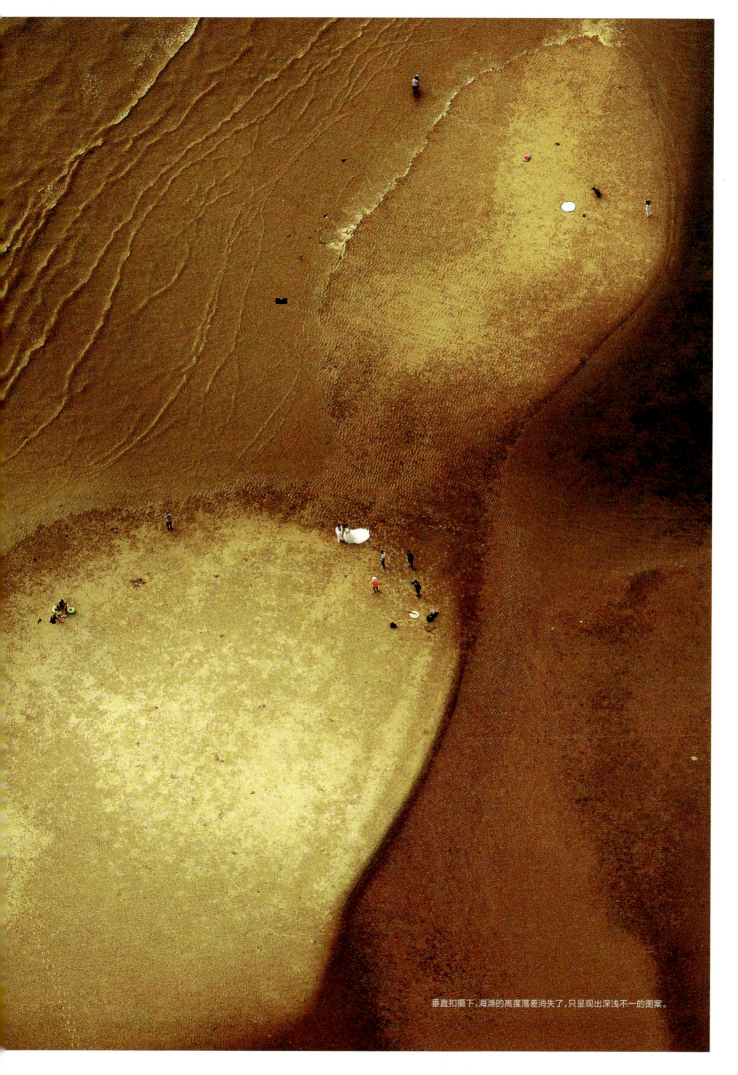

垂直扣摄下，海滩的高度落差消失了，只呈现出深浅不一的图案。

控制俯视景深

俯视景深，就是从空中向下聚焦时景物的前后清晰范围。

控制俯视景深，就是通过对摄影要素的调整，把握向下看时被摄景物的清晰范围。初涉遥摄领域的摄影师往往忽视景深的表现，当对遥摄影像有更高要求时，景深要求就会成为影像效果的重要元素，达到景深要求就成为不容忽视的技术控制因素。

景深对画面效果的影响

景深与镜头光圈大小有关，光圈越大景深越短。

景深与镜头焦距长短有关，焦距越短景深则长。

景深与被摄目标距离远近有关，距离越远景深越长。

景深与画面中主体景物的前后清晰范围有直接关系，遥摄中可为突出主体而减少景深，或为保证景物清晰而增加景深。

低空景深效果控制

低空遥摄角度多属相对平视，景物前后排列，景深影响较大。应根据离被摄景物越近景深范围越短，反之越长的原理，调整快门速度与镜头光圈组合，达到图像清晰范围的效果要求。

中空景深效果控制

中空遥摄多属轻俯视角度，景物前后纵深较长。应注意景深清晰范围，除特殊效果外，尽量保持镜头的较长景深，给画面以整体清晰的成像质量。

高空景深效果控制

高空遥摄目标距离较远，景别进入相机的"无限远"聚焦范围，地表高低落差消失，变成地貌结构平面图。因此，结像一般不会受到景深的影响。

空中预估景深控制

无人机遥摄不是每幅画面都需要最大景深。在从三维空间压缩到二维空间的过程中，需要用技术手段预先评估景深清晰范围，达到突出或削弱景物主体兴趣点的艺术处理效果。摄影师可以用相机的景深预览按钮直接观察景深效果，亦可凭摄影经验预估控制景深效果。

用广角镜头航摄安阳航展静态展示，表现的景物范围较大，可保障全画面的高清晰度。

广角镜头不仅提供开阔的视野，同时也把景物的间隔推得很远，同时景深范围也大幅度扩展。

保持地平基准

保持地平基准，就是遥摄取景时强调景物的平直稳定。

任何违反地平基准的构图，都会造成天地倾覆的视觉畸变。然而在航空遥摄中，摄影师往往被无人机的机动飞行搞得晕头转向，无法找到地平基准线。不管无人机是俯、是仰、是侧、是转，始终保持镜头中被摄景物的横平竖直是考验摄影师控制力的硬功夫。

保持无人机平衡

遥摄时，摄影师应该按预定航线，操控无人机在主要地标上空保持平稳飞行或悬停，以便更好地把握地平基准，拍出具有稳定感的地物照片。

保持相机平衡

许多情况下，无人机在盘旋飞行中出现不稳定状态是难免的。无人机飞行状态的变化会使相机镜头在取景时与实际景物出现角度差。这就需要摄影师通过景物的地平基准随机调整无人机状态，使倾斜中的相机与地平基准保持一致。

保持视觉平衡

复杂环境中的无人机飞行变化，首先影响的是摄影师的视觉平衡。如果摄影师的镜头感和方向感消失，肉眼观察将随即出现偏差和畸变。此刻，应该积极对抗视觉平衡惯性的困扰，摆脱监视器观察造成的视觉恍惚，闭目养神或举目远眺，尽快恢复正常的视觉意识，找回地标景物的视觉基准。

保持心态平衡

其实，摄影师因无人机飞行机动变化而"找不到北"，多半来自心态失衡。这种感觉源自对任务飞行没把握造成的担心。此刻，摄影师应避免老盯着一处看，下意识地让视线在监视器和飞行方向间转换几次，收紧的心情就会舒缓下来，镜头感会随之回归。不管无人机怎么转、怎么飞，只要镜头中地平基准参照是明确的，拍出的地物照片就会是四平八稳的。

沙滩上的人影成为明确地平基准的参照物。

建筑群体形成的线形构成,成为视觉平衡的基准。

地平线歪了,大地倾斜了,传递出的是倾覆的灾难感。

在对角线构图中，房屋的角度为观者奠定了视觉平衡基础。

低空聚焦难点

低空聚焦难点，就是无人机贴地飞行中的摄影操作难度。

摄影师操控无人机超低空飞行，为创造最佳影像效果提供了近距俯视飞行平台保障。但是，受某些因素限制无人机不能悬停，必须保持一定巡航速度，而摄影师在这种情况下需要对某些目标进行遥摄，这时系列操作中将会存在诸多难点。

超低空遥摄的瞭望难点

无人机超低空飞行中，摄影师视角变窄，瞭望距离受限，观察地面的注意力变小且分散，不容易看清扑面而来的陌生环境，难以发现亮点或触发灵感。

超低空遥摄的取景难点

超低空遥摄时，景物后掠速度加快，摄影师对相机的操纵跟不上拍摄意识的快速反应要求，用监视器观察、取舍景物变得异常困难。

超低空遥摄的聚焦难点

超低空遥摄时，无人机与地面相对运动的角速度大，摄影师识别地标的时间短，难以辨清目标景物与周围环境的相对关系，发现和识别地标景物的时间短暂，聚焦景物的难度加大。

超低空遥摄的状态难点

超低空遥摄时，无人机飞行速度大，安全系数下降。飞掠的情景对视觉的刺激，容易造成摄影师精神状态发生变化：由神经紧张导致产生激越情绪，瞬时脑子出现空白，一个劲地只顾按动快门，无暇顾及拍摄效果和任务目标。

超低空遥摄自然状态中疲惫的参加救火战斗的士兵。

超低空飞行中，要在千篇一律的农舍中找出充满个性的兴趣点并非易事。

在超低空飞掠中锁定目标，是个难度不小的技术操作。

第四章
Chapter 4
艺术创意要义

　　无人机替您跋山涉水，无人机替您腾空驾云，无人机为您带来表现自然风光和人文景观的最佳视角和美好憧憬。遥摄使得"会飞的相机"成为可能，摄影师可以在时空转换中尽情组合取舍，博采美丽的自然和神话，展现人间那瑰丽山水、美妙生灵、晨昏四季……

　　在本章中，我想告诉大家关于无人机遥摄的几个特殊艺术创意要点。遥摄并不是占有高度、角度优势的"瞎按快门"，而是通过摄影师的审美情趣，在文化理念引导下的艺术创意。

运用天光塑型

天光变化，取决于气象条件、日照方向和机动位置。

光是摄影的生命。随着无人机高度、角度的机动变化，光照方向在不断改变，影像因此会出现不同的光影效果。所以，遥摄前摄影师就要分析即将出现的光线条件，选择无人机升空的时机，遥摄中应该特别注意在光照的变化中感知、掌控、把握和运用光的瞬间造型功能。

光线特性的概念注释

光学影像是景物反射的光线进入相机内，被传感器接收后生成的，大气对光的折射、吸收和散射，直接影响影像的色温、反差、影调和清晰度。

光线照射的造型作用

没有光线便没有影像。归纳起来，光线在摄影中的作用主要有以下几个方面：满足摄影技术上对照度的基本要求，表现物体的结构和颜色，表现物体的空间位置，再现环境气氛和时间概念。

光照方向的造型效果

顺光，阳光从正面投射，能最大程度地揭示细节，使色彩呈高饱和状态，但会削弱被摄景物的立体感。

逆光，阳光从背面投射，光影明暗差别较大，有利于刻画景物外形并增强画面纵深感。

侧光，阳光从侧方投射，可通过拉长的投影显示地势的高低差别，也易于强调不同物体间的边界线和关联性。

光照角度的机动变化

在遥摄的飞行机动变化中，阳光的照射角度除了随时间、季节、经纬度的变化而改变外，还会受飞行高度、角度的变化而改变，随时影响被摄景物的表面介质、纹理、色彩、形状的光影再现。

光照效果的预先设定

应该根据影像要求，预先设定光影的效果，决定无人机何时到达指定景区上空，在什么方位、什么高度，才能使光照符合画面构图和影调气氛的理想要求。

波光洒在湖面，颇有几分画意情趣。

夕阳给灰暗的地表植被涂上了黄红的色彩，使山丘和风车变得充满生命的灵动。

强烈的光照，瞬间使水田和塔线凸显，出现反差较大的线性交叉构成，统一的底色调性让观者的色觉得到平衡。

充分利用无人机机载镜头的机动灵活,寻求光线塑型的变化。

无人机盘旋在同一片海域的上空,光照方向由逆光改变为顺光,使光影基调由黑灰变化为浅蓝。

云层挡住了强烈的光照,使高楼变为暗影,在瞬间出现了反差较大的影像构成。

运用线条造型

运用线条造型，就是以线条结构作为遥摄影像的构成要素。

遥摄中，摄影师必须调动美学观念和造型意识，发现线条在航空影像造型中的作用和规律，并发挥它与调性、色彩相互作用下产生的形式美。

线条的观察提炼

线条是航空影像的骨架，摄影师需在飞行中观察分析景物形成的线条，通过感官提炼并发现遥摄透视扩散与聚集规律，使目标景物在镜头中形成有整体感、连贯性的结构。

线条的光影塑造

线条是通过光源凸显塑造出来的。无人机遥摄应该充分利用机动飞行优势，寻找理想的光照角度，塑造景物的线形构成。在飞行中选择线性构成时，以采用侧逆光居多。

线条的造型心理

竖线，给人坚实庄重的视觉印象。

横线，给人开阔宏观的视觉感受。

斜线，给人活泼动感的视觉冲击。

曲线，给人灵动韵律的视觉享受。

对角斜线的运用

对角线，是航空影像广泛运用的一种线形布局。通过联系画面对角的线形关系，让画面富于活泼和运动的感觉，使主体最大限度地充满画面，可为画面带来一种刚硬强烈的冲击力。

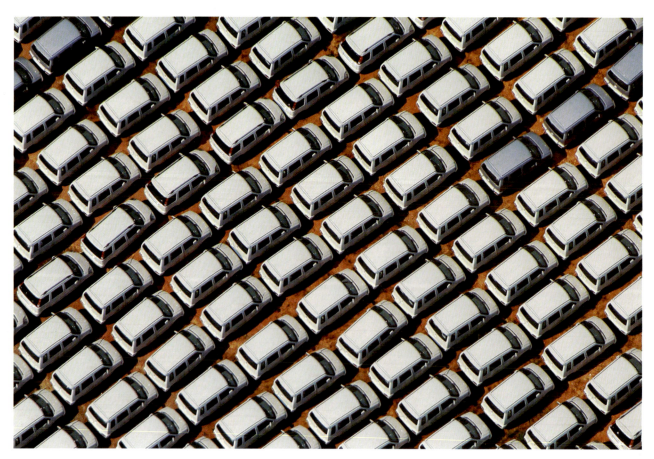

排列整齐却无限重复的车阵，其给人的视觉心理效果偏于形式感和秩序感。

迂回的曲线，使人联想起毒蛇盘曲的躯体而平添邪恶感。图中，贯通画幅的那条多变曲线会同波状曲线，产生了一种有动感的蠕动感。

掌控逆光特性

逆光俯瞰，就是用来自无人机机位前方的光源俯视景物。

逆光，是遥摄大地最常用的光照方位。在空中俯视时，逆光能够强调景物的轮廓和景物之间的距离感，遥摄时可以营造出空间深远、透视感强、层面隔离的效果。在早晚低照度情况下，逆光的光比较强，可以隐掉杂乱景物，烘托突出主体。

逆光的种类界定

逆光亦称轮廓光、造型光、隔离光或背光。按照光照角度、高度与遥摄无人机的相对位置，又可分为正逆光、侧逆光和高、低逆光。

逆光的主体曝光

遥摄时，需根据拍摄要求和作品用途，来确定逆光使用的明暗程度，避免因主体过暗而损失应有的质感，应随时注意主体曝光补偿。

逆光的色彩变化

注意被摄景物的色温变化、光线明暗及有色反射体给景物造成的色彩影响。正确选择衬托主体景物的背景，避免因明暗及色差关系不当而造成主、陪体不分或影像细节损失。

逆光的遥摄角度

遥摄时，景物高低错落造成的投影大小，会随光照角度而改变，因此，摄影师应根据预测和判断选择适宜的时间定格影像，以期达到预设的逆光投影效果。

逆光中避免吃光

因阳光直射镜头而产生曝光过度叫吃光。吃光产生的镜头眩光对影像再现和画面效果影响很大，甚至会出现白版的严重后果。遥摄中应该巧妙运用遮光罩、偏光镜，或改变镜头角度去消除和避免。

逆光透射中的高天云海，阴影加强了色彩和影调变化，逆光把云彩似千层山峦般勾勒出来，给人以气势磅礴的空间感。

天光打亮了雅鲁藏布江水，使大江的躯干与苍茫大地剥离开来。逆光增强了画面的大气透视效果，把山势轮廓勾勒得非常清楚。

逆光把长城和群山勾勒出重叠的曲线，带来了影像扩散的视觉感受。强烈的逆光辐射着弥漫的雾气，加上深色的山势前景，强化了视觉空间感。

掌控反光效果

掌控反光映区，就是对反光介质映照区域的光影控制。

摄影师的视角提升后，视场中经常会出现阳光和月光大面积投射在水面、沙滩、雪野时洒下的反光带。回避它还是利用它，是遥摄中值得研究的重要课题。

反光的艺术效果

反光是逆向投射光产生的，能强调地貌、水域、建筑和地域环境的线性结构，描绘出近似版画效果的黑白框架轮廓，在航空摄影创作中有着很强的艺术造型和装饰效果。

反光的破坏因素

反光，是记录地表景物的破坏性因素。它能使景物层次、色彩全部缺失或严重失真。在地貌纪实遥摄中，必须避开反光带或运用偏振镜消除反光。

反光的长宽控制

无人机的飞行高度直接影响光轴映照区的长度与宽度。高度越高，光轴就越狭窄，反之就越宽。摄影师可以利用飞行高度和镜头框取，控制光轴在画面中的面积、宽度、形状和位置。

反光的亮度控制

画面亮度直接影响反光带形成的光轴外延的宽度。影调越暗，光轴就越窄，反之就越宽。摄影师可以利用影调明暗控制，相对扩张和缩小光轴外延的宽度，并调整亮度表现光轴映照区中的景物质感。

反光的影调控制

摄影师可以通过选择光轴在画面中的面积大小，控制影像的黑白调性。或以光轴以外的黑色景物为主，构成低调画面；或以光轴反光带的白色为主，使画面色调呈高调。

反光的曝光控制

在无人机空中飞行的轨迹中，反光带的出现可以根据航向预测，而反光点的出现却是毫无征兆，具有突然性。在容易出现反光的空域里，必须注意给曝光指数留有5挡左右的余地，以避免强光突然出现干扰曝光。

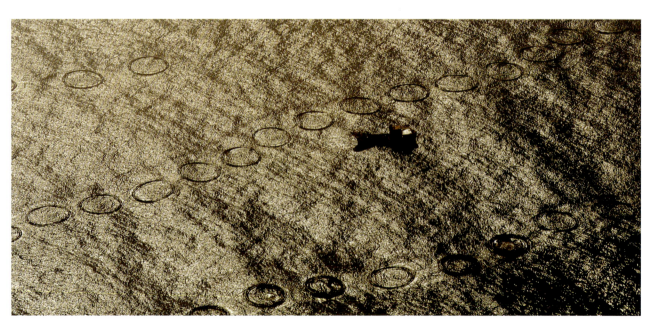

顶光映照的海面反光区里，波光粼粼的海面衬托着小船，给人以优美感和动感。

处理好光轴映照区中的海岛影调，使得主体纹理质感清晰，海与岛光影协调。

反光映照区中，画面中的小岛被硬性地分离开来，增强了轮廓感。

运用波光装饰

波光装饰性，就是水波反射光斑的视觉装饰作用。

波光是江、河、湖、海反光区域中微乎其微的小点，散布在水面上的无数光点汇聚成的面，在画面中具有很强的光感装饰效果。遥摄中可以随着机动变化选择波光照射的强度，掌控反射波光的亮度和布局，以达到遥摄影像艺术创意的要求。

波光的特殊性

波光是强光反射体，具有超强的光亮度。它的大面积聚集出现，会改变水面景物的色与形，使被摄目标失去应有的光感、色感、透视感和植被感，成为色调统一的高反差图形。

波光的装饰性

在遥摄中，水面泛起的银鳞般耀光极有表现力，会给原本平淡乏味的地物赋予装饰感。摄影师应该把波光作为重要构成要素，使画面出现靓丽的视觉诱惑。

波光的规律性

波光通常在顶光和逆光照射的情况下产生，出现的方位和范围是固定的。天空投射光的强度和地面反光水域面积，决定了波光区域的亮度和范围。摄影师只能按自然规律去发现和利用它，而无法人为地调整和改变它。

波光的瞬间性

波光，由弱到强然后消失，时间是短暂的。水面上运动的舰船划出的航迹，也会在一定的光照折射角度中瞬间泛出波光涟漪。波光反射最强的瞬间非常耀眼，摄影师应该做好防护。

波光的光比性

波光通常为反光较强的灰色和白色光斑，与周围环境形成很大的亮度反差，会造成影像光比过大而使明暗失调，摄影师必须适当调整曝光，以控制画面影调的协调。

这张照片避开了强烈的江面波光，羽化着形成的波光，画面质感显得柔和细腻。闪烁的波光勾勒出船与网的影子，劳作的人和江水被抽象地展现为点与面形成的俯瞰影像。

强光打亮了长江的一段躯干，画面中出现了符号式的优美图形，波光使画面充满神秘和魔幻。

表现视觉力动

视觉力动, 通常以平势、斜势和旋转势三种力的样式呈现。

航空视觉力动表象也正是通过这三种动势展现出来。摄影师应该在无人机航空机动中, 认真观察景物力动的变化和走势, 分析景物的动源方向, 以寻求遥摄影像视觉效果的表现力。

力动走向的分析

力动给物体赋予了内在的力量, 无论是汽车、动物, 还是大地、河川, 其构成元素都会表现出一种力动方向, 并且在相互冲突、对峙、撞击、转换、渗透中形成视觉节奏。摄影师应该把力动表现的元素, 从大千世界繁杂的表象中剥离出来, 在脑中形成一个明晰的动向矢量图, 以发现景物之间内在的抽象力动结构关系, 提炼遥摄影像的动态节奏和秩序。

力动方向的视觉体现

在遥摄实践中, 摄影师如何把握力动方向的视觉特性呢? 我的做法是: 遇到影像元素呈平势力动走向时, 我会强调景物主体的动态方位, 以凸显其视觉冲击力动向; 遇到主体影像呈斜势力动走向时, 我会强调物体的倾斜角度, 最大力度地展现主体的动感效果; 遇到主体景物呈旋转力动态势时, 我会强调物体盘旋运动的瞬间特异变化, 寻求力动视觉效果的陌生感和感染力。

特异构成的力动对比

特异构成来自镜头中现场景物的线构和运动物体的态势, 这些因素给景物赋予着程度不同的动感。特别是两个以上物体的相互运动, 会使现场景物的力动分配纵横交错变化万端。人们的视觉力动感觉, 是在物体形状的不动感、半动感和极动感的动态程度对比中, 相互依存又相互烘托的。无论空中机位移动, 还是现场物体运动, 造成的力动方向越复杂, 张力表象越明显, 力动扭曲越强烈, 动感就会越表象化。因此, 摄影师应该注意抓取复杂力动元素形成的特异构成。

在水牛伴着水波同方向运动的画面里, 斜插进一只相向飞来的白鹭, 打破了力动方向的统一, 给画面平添了动感活力。

无人机与渔船交错的瞬间，影像中海的平面些准失衡，力动方向的偏移增强了画面的动势表现力。

浅滩的纹理方向呼应着鸟群的运动方向，使画面出现了一种明确的视觉力动走向。

用好混合暗光

混合暗光，就是早晚昏暗的自然余光与灯光的混合光线。

在遥摄城市夜景时经常运用这种光线。因为完全暗下来的城市里，许多建筑结构会隐灭在黑幕中，细节无法展现。利用天空残存的弱光和地面人工灯光的混合光，则可以让我们刻画出层次分明、色彩丰富的地貌影像。

混合暗光的短暂时段

天空余光出现在日出前、日落后的短暂时段。此时，地面灯光尚未关闭或已经打亮，天光在短时内变化速度很快。我们利用低照度昏暗光线拍摄地貌景物，以展现景物局部细节的最低照度为限。

混合暗光的影像效果

在空中俯瞰，地面华灯初上，天空余光未尽，自然的残存光与绚丽的城市路灯、照明灯、标志灯、装饰灯互为补光，以蓝色调铺底，以黄红色的道路灯光为联络线，勾勒出地域轮廓，并连接起城市中心点，可以体现城镇结构和功能，凝结出既有层次感又有装饰性的画面。

混合暗光的色彩特点

日出前、日落后，地面昏暗的灯光和天空淡淡的余光，虽然都是低照度光源，其色温差别却很大，成像色调相去甚远。天空余光紫外线照射强烈，在影像记录中呈浅蓝偏色，而灯光却是黄红色。这两种暗光的同时出现并不完全融合，呈现出一种特殊光效的大地夜景效果。

灯光的装饰作用，使清晰可见的码头上的景物更具有立体感。

天上一息尚存的余辉把水面照亮，水面的亮度与被灯光照亮的道路光比接近，使画面出现了亮度的平衡。

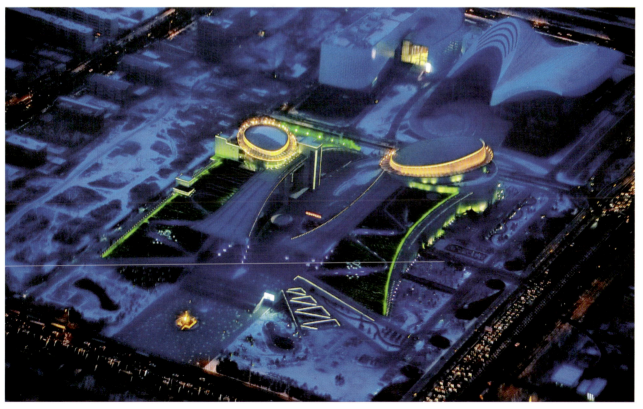

天色很暗了，但天空余光依稀尚存，建筑物的轮廓清晰地显现在照片上。夜色的蓝调笼罩着城市建筑群，装饰灯光凸显了标志性建筑的靓影。

凸显凌空感

凌空感，是空中悬浮状态下的人体综合感受。

时下，很多遥摄作品像是脚踏实地登高爬楼拍出来的，缺乏航空飞行独有的凌空视觉特性。摄影师应该了解凌空感的成因，并在鸟瞰中认真体验它的生成状态，以便把这种感受凝结到影像表述中，让观者在静止的影像中领略到凌空的视觉特征。

悬空的恐惧感

悬空的恐惧感，由空旷感和恐高感交织混合而成。当摄影师的视野随无人机腾空而起，除了视线角度、视野范围产生变化外，悬空的感觉也会使摄影师产生"提心吊胆"的恐高感。这种感觉是凌空感的生成要素。

浮动的不稳感

浮动的感觉，是飞行运动中的不稳定造成的。

正如悬浮在空中与固定在高点，人的心理感受是完全不一样的，悬空状态，再加上无人机的机动，会使人产生失重的感觉和不安的心态。

空间的距离感

空间的距离感、高度感是凌空感的支撑要素。但是，许多摄影师遥摄中总愿让无人机飞得低些，离景物近些。其实，超低空飞行或用长焦镜头拉近，都会损失画面的纵深效果，从而削弱凌空感。因此，遥摄要控制空间距离的过度接近。

环境的空旷感

环境的空旷感和纵深感相融相辅，影响着凌空感的强弱。摄影师在取景时总愿让景色充满影像，以求构图的丰满。岂不知，画面被塞满的同时也把开阔感、空旷感和纵深感减弱了。有意留下大片的空白，反倒可以强化凌空感的效果。

这幅来自贺兰山珠峰的影像，具有距离感、空旷感、纵深感、高度感，这些都是凌空感的要素。

无人机的空中鸟瞰,使摄影师的视线角度、视野范围产生了变化,在意识中形成了难以言表的凌空感。

深圳集装箱码头环境的空旷感和纵深感,加强了这幅影像的凌空感。

空中瞭望西藏雅鲁藏布江由近至远的线条，形成了凌空感的要素——纵深感和距离感。

设置参照物

运用参照物，就是在遥摄影像中建立视觉基准。

观者在观赏遥摄影像时，往往无法理解天地间景物的大小概念、场景的纵深距离和面积大小等，这是因为画面中缺少了重要的视觉元素——参照物。

大小参照

当人们在浩瀚的大洋、田野、沙漠、山岭中找到房子、人影、树木等参照物，人们就会对画面中的空间大小有一个具象的理解，避免把巍峨的大山看作"小盆景"。

纵深参照

许多遥摄影像无法表现空间纵深的距离感，我们可运用前、中、后景中景物的排列设置，形成比例参照关系，给观者一定的空间纵深估算。

运动参照

在空中，飞行物或鸟类等运动物体无法表现出动感，此时我们可以把周围的山、云、车、船、飞机等当作参照物，与飞行主体形成运动参照，拍出虚实结合的动感影像。

水平参照

景物没有参照就没有平衡感，飞机或鸟类飞行物没有水平参照就看不出其飞行姿态，飞行难度就无从谈起。画面中出现一点地面建筑或天地线，就会把飞行角度映衬得清清楚楚。

虽然弯曲的小溪容易使观者的平衡感产生混乱，但是画面中垂直生长的白桦树，给大家以明确的垂直参照观感。

因为画面中出现了地面建筑的参照，观者对昆仑山脉的雄伟以及我们面前这个地域的大小就有了具象的认知。

一座灯塔的出现，让人们对这片海域的面积有了基本概念。

弯曲的水道把人们的目光引向深远，画面四周的边框给了画面以稳定感。

处置天地线

处置天地线，就是在影像中发挥天地分界线的作用。

天地线俗称地平线，它有着不同于一般线条的特性，永远横在摄影师的视野里，成为线性构成和画面稳定的重要元素。摄影师应该了解天地线变化给视觉造成的影响，以表达遥摄影像画面构成的平衡状态。

横线传达稳定感

在遥摄影像中，贯通于画面的天地线是构成平衡的重要因素。摄影师只要找准天地线的水平，画面就会出现稳定的感觉。

倾斜强调动势

倾斜的天地线会使画面失去平衡，体现出飞行器姿态的变化，传达出某种动感。人们会根据画面中天地线与飞行器之间形成的角度，分析飞行的强度，并理解遥摄的技术难度。

避免天地分裂

遥摄中最忌讳的是天地一分为二的构图，这种"影像分裂"会使观者失去视觉中心。一般来讲，摄影师应把天地线抬高或降低，将其移出影像中心。

回避天地横线

遥摄中若把镜头仰向天空或俯向大地，即可避开天地线的出现。在没有天地线约束的情况下，我们可以随意选择拍摄角度，使景物透视出现变化。失去天地线的水平参照，画面结构也可以自由发挥了。

地平线的大幅度倾斜，给观者以倾覆的灾难感。

出现在青岛海滨远处那淡淡的地平线，使画面有了明晰的地平基准。

水平的天地线给人以稳定庄重的感觉，它稳稳地横于嘉陵江、闽江汇于长江的交叉斜线之上，使画面出现了平衡的三角构成。

遥摄日出日落

遥摄日出日落，就是在空中留住太阳的魅力。

日出日落时分，太阳光影变化多、装饰性强，摄影师们大多愿意登高望远，为的是能够留住太阳升、落瞬间的美好一刻。如今，无人机可以代替摄影师的步伐，冲破雾霾和山峦等障碍，把相机托举到高点遥摄。

注意画面光比

遥摄日出日落，分为有前景和无前景两种。把前景设置为人物和景物，其实就是把初升、渐落的太阳作为背景。此时，因为背景的太阳光强，前景处于逆光的状态，所以需要进行补光控制，让前后景物及周围环境的光比缩小，使主体和陪体出现应有的层次。

避免太阳过曝

遥摄日出时，太阳的光照度较强，要注意按主体亮度曝光，使太阳的强光内核出现应有的层次，如果为了照顾周围环境让太阳曝光过度，就会减弱日出的影像效果。

注意相机模式

日落月升时光线中的红、蓝光比例不断变化，人的肉眼对光线变化有一定的适应性，因而感觉迟钝，选用日光白平衡模式能凸显蓝、红光的色彩变化，校正偏色，使影调接近人的视觉感受。

注意云中景象

当浓重的云团布满天空，落日就会从中投射出血色的光辉，形成靓丽的火烧云。当月亮升起，大片云海就会被洒上银光，是形成画意影像的重要元素。

注意遥摄时机

日升日落时段，应注视远方的天象变化，太阳最后沉降的 5 分钟时间是变化最快、色彩表现力最强的时段。与太阳相似的是，月亮离地平线越近，其亮度越强，个头显得越大。

日光照耀的云海似燃烧的怒火，伴着滚滚的硝烟，随着"火球"旋转的动势，画面形成了向心的涡型，表现出了超出固定空间的视觉张力。

动力三角翼与太阳那有机的点线结合, 辉映在夕阳西下的暖色调中, 形成简洁温馨的画意意蕴。

日落时的太阳色温高、色彩浓, 画面中落日的光芒穿透彩云形成放射性的余晖, 造就了大兴安岭这个黄昏的恢宏气氛。

第五章
Chapter 5
画艺传承要义

中国山水画，是形象表现鸟瞰视界的鼻祖。

在平面表现艺术领域，摄影与美术是一家，遥摄与航摄更是一家。它们拥有共同的历史文化积淀，而在各自的艺术表现门类中，又存在着许多不同的个性与特点。我们在从事无人机遥摄这个新型学科的事业时，应该发现摄影和美术在大的文化范畴中同一的艺术思想。

在这一章节中，我将着重介绍东西方美术画风画论对无人机遥摄艺术的借鉴意义，特别是有几千年历史积淀的中国山水画鸟瞰视角，以及它描绘出的天宫神话世界，对于无人机遥摄美学思想承袭，具有重要的借鉴意义。

国画的俯视传统

中国画的视场，是以鸟瞰物象为主要形式的造型表现类型。

当人们开始运用无人机遥摄技术进行画艺创意时，我们惊奇地发现，无人机遥摄所运用的俯视视场，与中国山水国画的鸟瞰视角非常相似。这里，我们通过西方风景油画与东方山水画视场的比对，认识东西方美术透视法则的特点，发现和解读俯视文化在中国的历史渊源。希望传统的移动式鸟瞰、散点透视的山水国画技艺法则，成为无人机遥摄影像新的创意爆发点。

东西方美术的视角差异

参阅中国山水画与西方风景画不难发现：西方油画多以平视和仰视的焦点透视为准则，而中国山水画则大都以移动透视和居高临下的鸟瞰视界呈现场景。多年来，人们一直在为西方风景画"焦点透视"和东方山水画"散点透视"的优劣争论不休，而忽略了东西方美术在视点高度上观察并表现出的视场不同，以及由此带来的表现力度和审美形式的差别。

东西方美术的风格差异

东方水墨山水画，借助鸟瞰透视优势改变了人们观察事物的角度，以陌生的高视点、大场面景物透视关系，吸引观者。

西方油墨风景画，以人们常见的平、仰视角，刻画人们熟悉的景物，用优于肉眼辨识力的高反差和浓色彩，吸引观者。

由此，两种不同画法造就了东方山水画写意、西方风景画纪实，东方山水画洒脱、西方风景画严谨，东方山水画大气、西方风景画精致的迥然不同的艺术风格。

山水画鸟瞰的透视特点

宋代郭熙在山水画论中提到：自山下而仰山巅，谓之"高远"；自山前而窥山后，谓之"深远"；自近山而望远山，谓之"平远"。后来韩拙又补充了"阔远""迷远"和"幽远"，统称"六远透视法"。这之中除"高远"属仰视外，其他透视法都是建立在俯视视角的基础之上。此外，中国的山水画、人物画、建筑画、民俗画等都习惯运用俯视视角，并按创作者

不同视点的俯视物象组合画面。

山水画俯视的观察法则

近年来，中国画论把观察与表现统一起来，把透视处理归纳为"七观法"：步步看，按一定路线的观察；面面观，物象立面的观察；专一看，对物象的重点观察；推远看，把近处的物象推出去观察；拉近看，把远处的物象拉到眼前观察；取移视，在移动中观察；合六远，是对"六远透视法"观察的综合运用。"七观法"所论及的观察方法，应该成为无人机遥摄影像作品成像的基本法则。

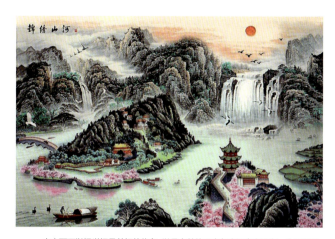

山水画可以把世间最美好的物象，以最完美的观察角度组合布局在一个画面里。

航空摄影可以把世间最奇特的天象和物象，记录下来表现出来。

近代中国山水画家仍然运用鸟瞰视角，但是，开始借鉴西方焦点透视的方法。

运用焦点透视法鸟瞰物象，对于无人机遥摄来说具有强大的技术优势。

这是中国山水画的代表作《清明上河图》局部。国画前辈喜欢用高视点鸟瞰刻画群体人物和大场面的景物，这幅山水画是典型的移动式鸟瞰、多视点透视的杰作。

镜头向下倾斜鸟瞰东北伊春市，因为用了倾斜的俯视角度和超宽的横画幅，营造出了近似《清明上河图》般的视觉效果。

国画的鸟瞰幅度

国画俯角，是以高点向下倾斜俯视作为基本视角。

古往今来，我国的山水画传统中形成了成熟的移动式鸟瞰散点透视的表现形式，通过几千年俯视表现艺术的实践，留下了大量鸟瞰物象的艺术画卷。这为如今运用无人机平台进行遥摄影像艺术创作，提供了表现技法的具象教材。通过分析传统画作的高角度倾斜视点，我们可以发现倾斜俯视对物象表现的重要作用。

倾斜俯视的视野拓展

古代艺术家深谙空间透视对形式感和表现力的作用。每幅山水画面都在一个视野宽广的俯视环境中展现，用高于常人的鸟瞰式透视，赢得了无限宽广的视界和表现空间，创造出了新、奇、特的视场氛围，或表达一种意境或讲述一个故事，并以此作为表达画面内涵的形式基础。

斜向视角的平移记述

古代艺术家深谙俯视平移透视对山水画大纵深、大环境创作的意义，古画长卷《清明上河图》就是在高于常人视角的鸟瞰视点平移透视中完成的。在这方面无人机遥摄平台应该拥有极大优势，可以在航向、方向、高度等飞行要素精确保持的技术支持中轻松完成。但是，能否摆脱机械扫描似的呆板，使画面充满生气和灵性，摄影师就要拜山水画家为师了。

倾斜鸟瞰的升降视场

古代艺术家深谙升降视点的强大视觉震撼作用。他们在受鸟瞰视野的限制，无条件升空观察的情况下，都会把画面顶端的山峦、树木和建筑画成平视和仰视效果。而今，科技的发展使无人机机载相机的高度机动升降易如反掌。因此，运用升降视点表现平面造型艺术，就要看无人机遥摄的强项发挥了。

倾斜俯视的前景表现

古代艺术家深谙近大远小的纵深透视法则，非常重视前后景别的构成安排，总是把最重要的物象主体安排在画面布局的前景位置，并以高深的俯视场景烘托表达其宏大气魄。这种构成原理应该成为无人机遥摄的常用手法，无论遥摄自然风光还是社会生活，鸟瞰中把主体作为前景，以环境烘托视觉中心，是重要的俯视场景配置。

视角倾斜的垂度管理

古代艺术家深谙鸟瞰透视的视角高度对物象表现的巨大影响。经过几千年的研究探索，山水画家们似乎把视线角度固定在向下俯视的45°左右，这个视角无论对生活细节还是山水地貌，都具有表现力最大化的特点。所以，在无人机遥摄操作中，运用最多的应该是向下45°俯瞰视线。

中国山水画经常用超长的竖画幅表现不起眼的小景致。

无人机遥摄效仿中国山水画的俯视视点，在飞行中获得这种鸟瞰小品的机会非常多。

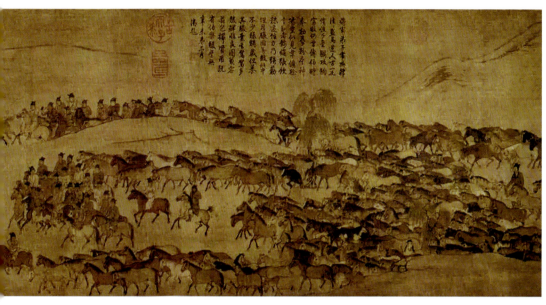

古代山水画多用斜俯视角表现群体人物，用横向宽幅表现场景的宏大。

无人机遥摄完全可以仿照中国山水画的斜俯视角，表现繁杂宽大的地表景物。

人群的俯瞰描绘

鸟瞰俯视，是中国画描绘群体人物的主要视点方向。

　　传统国画在描绘人们生活的典型瞬间时，多采用俯视视角。无论是人物处在室内还是室外，在山野还是在园林，画面中描绘的总是从上往下看的景象。这与时下人像摄影理论相悖，却与无人机遥摄视角相符。我们应该借鉴国画中鸟瞰人群的传统视角，使之成为无人机遥影应用领域的主要发力点。

俯视角度刻画人物

　　俯视角度能够较好地刻画人物与环境的关系，以及人与人之间的相对位置。古代画家总愿从房梁、屋顶或山顶等高视点审视塑造群体人像，他们似乎不太注重对人物神态仪容的刻画，而是通过描绘人物在场景中的活动姿态，形成令人感同身受的生活情境。

散点透视展现人物

　　因为从高角度看到的都是人的头顶，因此现代摄影认为俯视很难刻画人物表情。而国画家们运用散点透视的美术技法，硬性地让每个画面中的人物按照人们习惯的观察视角"抬起头来"，从而有效地解决了俯视人像的表现难点。无人机遥摄则应该在借鉴中国画居高临下的透视方向时，采取调整飞行角度、增减俯角的方式，尽量避免过度俯视的弊端。

描绘人类美好生活神话

　　中国画擅长用神话的视角、升天的形式，把人物托举到梦中仙境的云里雾里，在高空描绘被神化的人物群体，塑造完美的神仙偶像，以寄托人们对美好生活的憧憬。无人机遥摄也可以在云中、雾中、雪中、霾尘中拍出奇异的鸟瞰人物幻影。

国画用俯视角度刻画群体人物。

我学着山水画用斜俯视角度抓拍人物。

国画的意境之美

意境，是指观者在画面中能领会却难以阐明的精神感悟。

客观事物的再现和主观精神的表现，构成了国画的意境美。"意"是情与理的统一，"境"是形与神的统一。无人机遥摄应该发挥强大的机动鸟瞰功能，传承中国画论中"神飞扬""思浩荡"的山水精神，运用"既生于意外，又蕴于象内"的典型瞬间描绘手法，升华鸟瞰视界画意情境的审美意识和精神境界，成为人类生活的赞美者和描绘者。

山水画的意境索源

山水画曾经是人类企望避开喧嚣尘世，用鸟瞰的陌生视野神化生活的一种艺术形式，把对大自然的感悟寄情精神世界，让心境与自然超脱凡俗。人们并不关注所显之象，而是重视所含之道。形而上的精神世界弥补了生活中的诸多缺陷和不足，"迁想妙得""神超形外"的山水意境成了重要的审美思想。

山水画的意境表现

意境是山水画的灵魂，是作者通过登临名川大山得到真山实水的鸟瞰印象，然后通过笔墨设色形象地将其表现出来的结果。"意造境生"，它以独具个性的表现把脉自然，追求天性的情趣，要求物象以形写神，完成空灵的传述和心灵的创造。山、水、树、石不再是俯视的原始素材，而是渗透着情感的生命产物，使观者在摄情写意中引发想象，达到审美理想以致生活理想的高度。

山水画的视角寓意

全方位立体表现景物，是无人机遥摄的强项。而如何用不同的视角表达不同的心境，却要向山水画艺术学习。国画家把视角表现总结为：仰视心恭、俯视心慈、平视心直、侧视心快，即用仰视表现恭敬、用俯视表现垂爱、用平视表现率直、用侧视表现爽快。这四个视角在升降中表达的不同内涵要义，应该成为无人机遥摄的美学参考依据。

山水画的比例创意

古代艺术家深谙画面长宽比例对形式感和表现力的作用，山水画多采用长宽比例失调的竖式立轴构图和横式长卷构图，用于表现俯视画面的高远感、纵深感和开阔感的创意。现代电视屏幕的宽画幅设置也是为符合人们对大视野的审美需求，这方面无人机的航空俯视平台，应该比古人登高望远更具优势。

山水画的意境传承

意境的构成以空间情景为基础，通过对景物的把握与经营达到情景交汇。这一点无人机遥摄和山水画创作是一致的，它能在立体空间中触景生情，完成实景摄画的创作过程，其机动范围远超传统国画所表现的物象视场。因此，遥摄不应停留在机械扫描的技术层面，而应该效仿山水画因"心"造境，因"境"生情的表现手法，在运用点线面的交错、虚与实的呼应、气与韵的开合中，完成意境幽深、达情入境、形神统一的鸟瞰艺术境界。

古人用山势、植被形成的纹路,构建得意深奇的画韵,营造出超凡脱俗的意境。

无人机遥摄可以在广阔的天地中,凝结自然形态那些新、奇、特的表象构成,这是严冬的腾格里沙漠中的沙、雪、水、石形成的山水意境。

山水画师们用散点透视的方式，打破了人们正常的视界，使画面中所有的物象全部拥有了最光鲜的形象立面，塑造出中国画独有的抒情写意的表现形式。

俯视视角使无人机遥摄承袭了中国五千年山水艺术的精神，在成功借鉴国画的表现形式中，更加快捷地走向画意摄影的新天地。

画意的韵律效仿

构建画意韵律，就是寻求景物节奏与规律形成的美感。

当摄影师摆脱了初期遥摄的盲目、随意和"瞎激动"后，就会逐渐回归理性，用平面影像艺术审美观念洞察、梳理、选择、定格。而追寻俯视画面构成中的节奏和规律，构建影像的画意韵律，是运用视觉形式系统表达意境的重要环节。

在繁杂中寻求秩序

遥摄影像贵在乱中有序。可是，俯视为我们提供的广阔视界中却充斥着繁杂的景物、人物和事物。因此，从混乱的大千世界寻找规律，建立画面的影像秩序，就成为遥摄摄影师发挥艺术创造力的基础。

在秩序中建立节奏

秩序是规律性的存在，节奏是规律性的重复。画家们喜欢让色彩"动"起来，而遥摄摄影师更喜欢让景物动起来。画面力动结构越明确，画面的秩序感就越强，画面的视觉冲击力就越单纯。

在节奏中赋予形式

遥摄影像应选择有变化、有意味的形象并将其巧妙地纳入平面空间。在自然空间转化为影像画面空间的过程中，摄影师需要提炼富有节奏感的画面元素，以彰显形式感的存在；同时也应避免抽象的几何图形的秩序排列，以摆脱呆板的程式化模式。

在形式中凸显韵律

遥摄影像的韵律美，是无人机机动变化所带来的景物节奏变化之美。韵律更多地呈现为一种灵活的、抑扬顿挫的规律变化。遥摄影像应有条理地、有组织地安排各构成部分，以求达到良好的外观状态，凸显形式感中内在的韵律美。

墨蓝的色块衬托出弯曲的黄色陆地轮廓，无秩序飞行的小鸟点缀着恬静的环境，画面产生了优美、轻盈的韵律感。影像中特有的植被色彩形成了韵律要素，而白色点状的飞鸟无疑给画面增加了灵动感。

画面中的梯田曲线自近而远，组成了自由的韵律美。

油画的优化借鉴

西方油画善用光影色彩优化现实物象的视觉效果。

　　"看，拍得像油画一样！"这是人们赞许画意影像的常用语。风景油画究竟好在哪？我以为，拥有先进成像技术和万向视角的遥摄，应该效仿风景油画在色彩管理及光影运用方面的艺术表现技法，把握自然光投射瞬间呈现出的流动光色，用以优化现实中鸟瞰物象的视觉效果。

光感色彩的物象塑型

　　光是色的来源，有光才有了色彩。风景油画强调色彩的丰富性与结构上的差别，强调科学准确地运用光影、色彩再现客观世界的三维空间。油画表现景物界限不是用线条来区分，而是利用色彩的深浅和光线的明暗，在冷与暖、厚与薄、深与浅、淡与浓关系的相互照应和对比中，突出画面主题、巧妙安排构图、渲染画面气氛、传递作者创意，描绘出物象塑型的立面效果。

色彩饱和的现实优化

　　饱和度在绘画中是指色彩的纯净程度，越是色相明确的颜色，其纯度越高。油画光影的表现形式建立在色彩的基础上，灵活地运用冷暖对比、色域的明暗差别，以及色相、明度、色度之间的调和把控，可创造强烈的光感、质感和空间感。通过强调色彩饱和度，亦可呈现优于现实的物象节奏和韵律，从而使色彩饱和度运用成为具有独立审美价值的视觉语言。

色域空间的寓意表达

　　油画的色彩造型追求形、色、神三者兼备，善于借用色彩的象征性来表达意图，确定画面色调关系，强化画面要素来烘托所表现的主题。其精神性主要是通过主观色彩来体现，不仅可以象征事物，还可象征抽象的意念。比如：绿色象征安详平静，蓝色象征升华努力，白色象征纯洁干净，黑色则象征阴森恐怖。在光色造型运用中，凡是偏红黄的颜色都属暖色，凡是偏蓝绿的颜色都属冷色。暖色给人热烈、亢奋的刺激，冷色则给人冷静、退缩的感觉。

西方的风景画用常人的平视视角、焦点透视建构画面。

无人机遥摄可以学习风景油画，选择色彩丰富的环境，强调光影的奇幻效果。

俯视视角的风景油画并不多见，完美的构图使读者赏心悦目。

无人机遥摄受自然光影的限制较大，应该发挥机动性能优势，选择较好的光向和时辰，取得近似油画的画面效果。

油画善用优于常人观察的高反差效果渲染画面气氛。

无人机遥摄应该在保持形象真实的原则下，用光影和色彩渲染风光画意。

第六章
Chapter 6
气象应对要义

老天爷通过气象变化，控制着世间万物的光影塑造。

无人机遥摄是靠天吃饭，在现场等待适合气象条件是常有的事。我的原则是：除非内容有特定要求，一般不取消飞行计划，遇到什么天气顺其自然。不同的气象条件会营造不同的环境氛围，大晴天反不如瞬息万变的喧闹天空更具创造性和选择性。

但是，无人机违反低气象条件飞行禁令，造成空难的例子不少，摄影师必须顺应气象条件的约束，不能以遥摄表现效果需求为由强行起飞。

应对复杂气象

复杂气象，是所有影响飞行的极端天气统称。

复杂气象分昼间和夜间两个时段，影响飞行和遥摄的复杂气象天气包括：大风、低云、低能见度、积雨云、雷暴、沙尘暴、雨雪、龙卷风、风切变等。复杂气象包含着表现力极强的奇特天象，是难得的遥摄风光大片的时机，但也是容易引起炸机的高危天气。

雾霾天气视觉特点

景物色彩不再鲜明，不再清晰，立体感不再强烈。雾气缭绕使若隐若现的景物出现朦胧的中灰影调，可造就出洁净神秘的高调影像。

阴雨天气视觉特点

雨水冲刷大地，细雨笼罩山川，乌云密布天空，阴雨给大地披上了黑灰色的调性，此时物体反差削弱，会产生孤寂凄楚的壮美画卷。只是相机镜头会沾满雨滴雨水，严重影响拍摄透视。要注意照相设备的防水需求，以及对无人机设施的防护。

风动危害要点

气压和气温的变化使大气产生风的水平流动，虽然不直接影响镜头结像，但对飞行的影响较大。阵风会扬起沙尘，冷风会导致电能消耗加大，气流会造成无人机颠簸晃动，摄影师需密切关注，避免对无人机造成危害。

遥摄飞行要点

天气状态发生变化时，摄影师应该特别注意相关遥摄技术的操作变化。阴天、雾天、雨天景物反差小，影像宽容度不大，极易产生曝光过度或不足，摄影师应注意控制曝光。复杂气象条件下亮度变化大，应注意调整相机感光度，以增减快门速度，保证无人机在震动中的最低快门速度要求。

遥摄防护要点

在雨雾中遥摄应防水、防潮、防结雾，应用防雨罩或塑料袋套住相机。冬季遥摄要注意防止低温结冰、电池电量消耗太快和设备低温失灵。

水面强烈的反光穿透弥漫的雾霾，形成明晰的竖线构成，引领读者的视线往前延伸。

天空出现的近似龙卷风的云型，令人望而生畏。

高原的气象变化莫测，给遥摄带来许多不利和危险因素。

应对积云影响

积云形成千变万化的大气天象，直接影响着遥摄的效果。

积云是大气中的水凝结的产物，由固态和液态悬浮粒子等混合组成。它不仅反映当时的大气状态，还能预示未来天气的变化。积云是影像艺术的装饰和形式元素，但也会给无人机遥摄带来诸多危险和难点。

高低分类

高云，6000 米以上；

中云，2000—6000 米之间；

低云，2000 米以下。

外形分类

层状云，均匀的水平范围幕状云层；

波状云，起伏不平呈波浪状的云层；

积状云，垂直向上孤立发展的云团。

摄影师可以根据云量占视野中的比例称总云量为"多云"与"少云"。

造型特性

积云是漫射体，会使阳光柔化，又会成为蒙罩把太阳盖住。它是大气透视的制约因素，又是灵动的、变化的、多姿多彩的造型元素。

对摄影师的影响

无人机在云中飞行，与云层擦身而过时，相对运动速度快，会令摄影师产生视觉疲劳。无人机在各类云中飞行都会产生程度不同的颠簸，直接影响拍摄并造成摄影师心理和生理反应。明暗关系颠倒，摄影师容易产生倾斜错觉。无人机在云顶飞行，随着云高云低，摄影师又会产生跃升或俯冲等错觉，造成精神紧张恐惧。

对拍摄的影响

云中能见距离小，影响摄影师对地表景物的识别。积云的反差较普通景物要小，曝光过度或不足都会影响画质。可以利用偏振镜或滤光片增加云的反差，加强画面效果。

安全影响

摄影师往往认为，浓积云或积雨云明暗反差大，有视觉力度。但是，这种云层往往潜伏着雷电和乱流，危险性极高。切不可一味追求拍摄效果，不顾飞行安全让无人机进入高危积云。

低云正好遮住了深圳市区,使画面失掉了拍摄主题和视觉中心。

厚厚的奇云像遮光板一样蒙住了太阳,使大地出现了花斑似的光照效果。

应对雾霾影响

雾霾，是影响空中能见度和造型效果的重要因素。

雾霾，改变着大气的透视效果，影响着物体和环境反射投影的清晰度。但是，这"人造烟雾"给人类生存造成致命威胁的同时，亦能创造出云遮雾罩的灾难凄美景象，带给人们"暴力美学"的视觉感受。

雾霾的特性

雾，是悬浮于大气层中的微小水滴的组合物。

霾，是由直径小浓度大的烟粒杂质组成的悬浮于空中的尘埃。对于遥摄来讲霾和雾的特性及表象大体相近。

雾的分类

常见的雾有平流雾和辐射雾。暖湿空气平流到冷的地面或冷的海面上，低层空气逐渐冷却而形成的雾称为平流雾。由于辐射冷却作用而形成的雾，称为辐射雾。能见度小于1公里的称浓雾，能见度在10公里以内的称轻雾。而霾则根据不同的污染指数及持续时间，有中度至极重等不同等级。

雾霾的透视

雾霾天的能见度，以摄影师能看清景物轮廓的最大距离，即用目标景物的能见距离来表达。

雾霾天的透视情况，从地面观测称为水平能见度，从空中观测称为空中能见度，分为水平、倾斜、垂直三种。雾霾中三种能见度的大小并不总是一致的，它所产生的大气透视视觉效果亦完全不同。

雾霾的判断

遥摄时，摄影师需根据雾霾大小、飞行速度、被摄景物与环境背景的对比等情况，综合评判空中能见度的高低，预测雾霾中大气透视的拍摄效果，确定起飞时间。

清晨笼罩在北京市区的雾霾，营造出一派朦胧凄美的景象。强烈的反差都被淡化成灰色的中间调，雾霾产生了简洁画面的作用。

我喜欢平流雾的某些特点，您瞧，出现在城镇与山丘间的平流雾有一定的界限和形状。

雾霾不但影响大气透视和能见度，还能对环境起到伪装作用，雾霾中的深圳市区呈现在画面中色彩暗淡，结像模糊，面目全非。

认知大气透视

大气透视，就是大气对空间透视阻隔产生的视觉效果。

航空摄影从根本上讲，是处理自然空间大气透视的视觉方式。在一定的气象条件下，航空运动中的距离变化和光感因素的相互作用，会使俯视影像产生形的虚实变化、色的深浅变化等艺术效果。

距离透视特性

物体距离越远，形象描绘就越模糊；一定距离后物体偏蓝，越远偏色越重。空中瞭望时，景物和视点间的距离不同，明暗反差就不同，即近处的景物暗，远处的景物亮，最远处的景物和天空浑然一体。

反差透视特性

云雾、烟尘、水气等介质对光线有扩散作用，空气透视的强弱取决于近景与远景的明暗反差。近的反差较大，大气透视强；远的反差较小，大气透视弱。

轮廓透视特性

近的景物透视度高，轮廓清晰，随着空间距离渐远，景物清晰度越来越低，轮廓越远越模糊。

色彩透视特性

景物的色彩空间透视效果与空气的透明度有关，近则鲜亮，远则暗淡。

光向透视特性

物体受到不同方向的光照，会出现深、浅、冷、暖不同的透视变化。在同一架无人机上，由于镜头指向的角度不同，大气透视效果也会因光照角度而产生变化，这种明暗对比关系在逆光条件下会得到强化。

景深透视特性

焦点物体前后的景深清晰范围，借助实则艳、虚则淡的空间色彩原理和远小近大的透视原理，用不同焦距的镜头会使景深范围发生变化，从而达到强调或弱化大气透视的效果。

天气透视特性

气象条件改变着能见度、对比度和色域范围，也影响着空间透视效果。阴、云、雨、雾等复杂气象条件下，空间透视效果突出。而雨过天晴时，远处景物清晰，大气透视感较弱。

时辰透视特性

在不同的时辰，光照条件会发生变化，大气透视效果也会产生变化。就一天而论，早晚的空气透视现象显著，中午较弱。

蜿蜒的嘉陵江曲曲弯弯，像是贯通四川大巴山混乱山势的一条引线，建立起画面的纵深式透视关系，把观者的目光引向画面的尽头，给平面影像营造出了空间纵深感和大气透视的厚重感。

复杂气候条件使得天山山脉空间透视千变万化，浓淡不一的雾气变化，产生了遮挡空间距离的作用，冰雪形成的辐射线条，由点到面，由近向远，把观者的视线汇聚于远方，淡淡的寒霜加强了大气透视效果，原野呈现出的无限重复的几何图形，给观者以近小远大的透视感，展现出了深远的空间感

应对高原危害

高原飞行危害，就是高海拔因素给遥摄飞行造成的不利影响。

诚然，高原空气洁净，透视度好，光感变化大，地物色彩饱和。但是，复杂的环境、多变的气象、严酷的生存空间，容易给无人机性能造成衰减，给飞行驾驶带来困难，从而形成高海拔环境条件对无人机遥摄的危害性障碍。

海拔高度对无人机的影响

海拔标高增加，空气密度减小，会导致发动机推力减小，无人机升力受限，出现启动困难、超温超压等非常状态，从而导致起降和复杂地形飞行操纵性差，造成极大的安全隐患。

复杂地形对飞行的影响

高原地表形态复杂，山峦连绵、沟渠纵横，净空条件差。遥摄飞行大都在低于群山高度以下飞掠，此时景物闪过速度快，无人机机动空间余地小，监视画面的视野狭窄、摄影师反应时间短，无人机安全飞行系数和遥摄成功率降低。

恶劣气象对飞行的影响

高原地表空气因太阳照射导致向阳和背阳方向受热不匀，加上地形对风力的阻挡和加速，使地表风速、风向变化很大，经常形成乱流和风切变。风、雨、雪、寒冷和强烈的紫外线照射等危害性气象条件频繁出现，对飞行的不利影响增大。

导航障碍对安全的影响

受高原地形的遮蔽和反射，高原无线电电波受到多路径干扰，通讯距离短，信号弱，导航覆盖范围小，指示信号不稳定，某些方位会有假信号产生，仪表系统容易出现差错。

在地形复杂的昆仑山脉，要注意矿区的电磁干扰。

在高寒的贺兰山顶遥摄，一定要注意在高原高寒地区，无人机电量严重衰减问题。

高原复杂的气象条件，使空中布满积云，能见度降低，遥摄时应该注意控制，避免无人机飞进云区。

直对强烈日光

直对强烈日光，就是让最强的发光体直接进入画面。

　　航空遥摄以天空为画布，太阳当然是最重要的元素。只要处理好强光区域曝光过度的问题，太阳以及周围的光芒辐射区，是最有光感塑造力和形象表现力的部分。

日光亮度分布

　　太阳的亮度高低由季节、时段和气象条件决定。日光亮度分为：内核、主体、外延、芒圈和光环5层。其亮度以内核部分最亮，主体其次，依次递减。

控制曝光过度

　　由于太阳直射光亮度太大，目前普通照相设备无法取得太阳主体表层的正常结构影像。因此，拍摄进入画面的太阳主体，都会出现曝光过度现象，只能在曝光指数中留出充分的补偿量，以控制曝光过度。

遏制主体吃光

　　以往人们把强烈阳光投射进镜头视为摄影之大忌，因为亮度太高的发光体及外沿会造成被摄景物区域性结构缺失，俗称"吃光"。随着曝光调控系统的更新，我们可以通过控制曝光量遏制被摄景物被强光"吃掉"的程度，取得预期的拍摄效果。

镜头迎光产生的光环，加强了画面的色彩和构成的艺术效果，给无人机以特有的神秘感和活泼感。

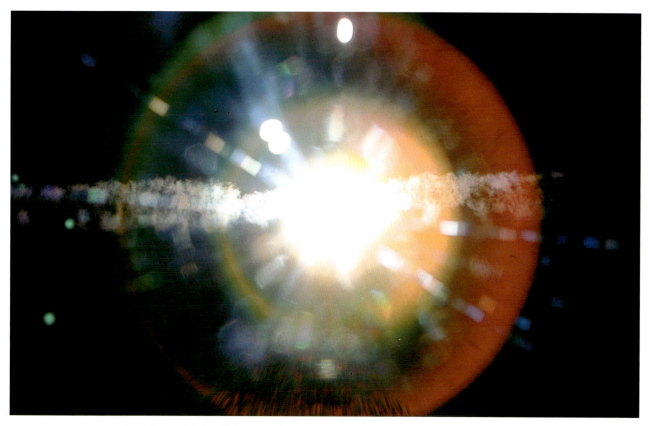

这是迎着太阳光拍摄的,后期处理中通过增加反差和压暗处理,使太阳周边出现了光环套叠色谱现象,这或许可以解释阳光照射的5个层区。

正对阳光拍摄曾经被摄影教材视为大忌。因为强光会造成影像光比失调,曝光过度,出现"吃光"现象。

第七章
Chapter 7
遥摄经验诀窍

　　无人机遥摄，是建立在实践经验之上的实操学科，同时拥有航空摄影的形式、纪实摄影的特性和艺术摄影的品质。

　　航空摄影是以飞行器为平台的摄影类型，纪实摄影是以真实性为原则的摄影类型，艺术摄影是以审美主导造型的摄影类型。

　　在获取影像的操作层面上，虽然无人机遥摄与这些成熟的摄影门类有所不同，但是，从航空视角观察世界，忠实记录社会生活，发现提炼世间美好的功能与其他摄影领域是完全一致的。因此，无人机遥摄应该成为承载综合艺术表现和平面影像记录的通用技术应用平台。

　　在这一章里，我用实践中的成功案例，为融航空摄影、纪实摄影和艺术创作特性于一体的无人机遥摄的实际应用，提供一些可以借鉴的经验诀窍。

定格地理地貌

遥摄地理地貌，就是记录地表的形态、质感和色域。

造物主为我们提供的生态式样已经足够丰富，然而摄影师在操控无人机遥摄各地典型的地理地貌时，却不是单纯记录式的机械扫描，而是应在有形成无形、无形蕴有形中提炼美感，抒发意蕴。

确定起飞时间

起飞时间，关乎地貌呈现的影像效果。地貌环境存在一定的高度差，光线低时地表高度界限分明，沟岭低处会隐入暗影之中；而光线高时，虽然地表高度差被淡化，却会把地面植被的纹理层次映照出来。

选择进入角度

进入角度，关乎脉络走向及光照方向。它会直接影响遥摄影像的光感、透视感、纵深感等要素，是选择表现地貌景致理想立面的机动方式。

把握飞行高度

飞行高度，关乎视野范围和俯视角度。低高度遥摄虽然会接近地表，亦会产生与登山、爬高类似的平视感。飞行高度太高又会使拍摄地表覆盖范围过大，难于表现地貌的高度落差、地貌结构和兴趣特点。

发现兴趣中心

兴趣中心，关乎地貌影像的魅力。遥摄中应该让无人机高空盘旋，以便观察发现典型地貌的集中地。找到具有遥摄意义的兴趣点后，控制无人机下降高度，接近地标进行聚焦。

在这幅遥摄的影像中，表现出了雅鲁藏布江流域的地理地貌特征，河流湿地构成了大地和谐的地质要素。

宁夏的丘陵地区，好像艺术家用微妙的色调塑造出的立体画卷，形成了既有规则又有变化的复杂结构。

位于广东大亚湾与红海湾交界处的海龟自然保护区，沙滩坡度平缓，沙粒细小，有利于海龟爬行和产卵繁殖。

用中国传统水墨大写意的豪情，以泼辣的抽象色墨，横向的曲折线条描绘出了新疆雅丹地貌的绚丽多姿。

凝结冰封江湾

冰封江湾，是被大雪覆盖被低温冻凝的江河湖湾。

冬季俯瞰北国风光，千里冰封，万里雪飘……自由流淌的江河湖湾被冰雪雕塑成了黑、白、灰图形，镶嵌在山川大地上。河流形态千奇百怪，不拘一格，以其取之不尽的画意素材，成为无人机遥摄艺术创作的常见题材之一。

河流的纤体呈现

遥摄中以俯视角度观察大地，冬季的河流只留下线条的组合。除人工运河或水库外，多半河流以曲线、弧线、波线和涡线等自由形态出现。摄影师可以根据自然形态中的线形关系，建立画面的建构框架，依据河流线条位置关系形成的形式美，选择定格那些有着优美感、飘动感、流畅感，甚至扭曲感和波动感的影像画卷。

河汊的局部表现

河汊形成的局部线条，是河湾结构变化最多、最复杂的部分。摄影师在借助无人机升空优势大面积概览地貌、表现河流大纵深透视感的基础上，应该把镜头推上去，分析河汊江湾局部线性的复合形态，以及地表雪野的自然肌理形成的线形复合美、参差美、韵律美和自由美。

河流的人文融合

河流与人文是紧密结合在一起的，优美的水系总是伴着人类生活的痕迹，大雪覆盖了表层，却留下了明显的轮廓：梯田、农舍、道路……融合在冰封江湾河汊的许多角落，这些人文景观的元素，成为冰封河流遥摄创作题材的重要发力点。

河道的地貌嵌入

冬季的白雪淹没了色彩划定的界限，把江湾河道与大地融合为一体，勾勒出河湾沟坎的地貌特征，使人们一目了然地观察到现场的地壳起伏变化。摄影师应该从河流的曲线与地貌形态，概括、简化、提炼出反映河道地貌的俯视画面。

冰冻在高原山区的水源，让观者的视线顺着白色的纽带被引向远方。

自然与人文融合出大气磅礴的江河景观，河道绘成一幅水墨山水画，把河床划分成多种形状的平面空间组合。

松花江每年有 5 个月的冰冻期，寒冬腊月被冰雪覆盖的松花江静卧在东北大地上。

拍好雪野雪乡

雪野雪乡，就是被积雪覆盖的村庄山野。

对俯视影像而言，降雪就是把五彩斑斓的大地涂抹成黑、白、灰色界的过程。积雪没有改变地表的结构，却改变了植被和色彩。如何通过空中俯瞰雪野高反差的地表形状组合，用影像艺术表现地貌结构的形式美，是无人机遥摄艺术创意的常见内容之一。

雪中雪后的遥摄特点

地面拍摄雪景的分类：飘雪、风雪和积雪。

遥摄雪野的分类：雪中、雪后和融雪。

正在下雪和刚下过雪的地表，全部被白色覆盖，地物裸露的很少。而进入融雪时段，大地就会依照雪化的程度出现斑驳的地表奇观。我更愿意遥摄融雪时的雪野，因为那时地物变化万千。

雪野地貌的结构提炼

大雪会把大地覆盖得严严实实，使地表结构和色彩简洁到只留下沟坎轮廓。如果讲究质感和细节，摄影师可以操控无人机近距拍摄雪景，并且运用线条造型和光影调性等艺术要素，选择雪景中有代表性的地表结构，渲染和概括大地筋骨和地貌特征。

雪野遥摄的雷同规避

被大雪覆盖的山野，色域变得高度统一，地形地物缺少色彩和形状变化，极易因雷同的雪白，使摄影师产生视觉雪盲，丧失创作兴趣和灵性。可使用超长和超短焦距，用镜头的视域观察被摄景物大小和透视变化，配合光影的运用，加强美学造型手段的变化，打破千篇一律的景致塑造瓶颈。

雪野遥摄的光效掌控

考虑到阳光的强度和入射角度，遥摄的时间最好选择在早晚。当阳光低角度照射时，光线在雪面的反射角度较小，拍摄的雪景会更加柔和。此时逆光拍摄是最佳选择，能够突出景物的明暗反差。没有直射阳光的早晚，山峦阴影处会出现淡淡的蓝调色彩，增强了寒冷的感觉。

雪野植被的反光处理

在高角度光线的照射下，雪面的反射率可达到95%。冰雪的细节容易淹没在强烈的反光中。但是，反光在艺术创作中并非一无是处。在拍摄雪原、雪山等广阔的场景时，雪本身反差很小，高光带的出现打破了白雪皑皑的单一，使平淡的景物出现了光影变化，从而衬托出雪原的广袤空间。

雪野遥摄的特殊要点

遥摄雪野风光，需要通过拍摄模式改变相机白平衡设置，取得不同的雪地色彩空间和照片调性风格。在积雪表面微微下洼的地方，反射的阳光会聚集得更加集中强烈，甚至形成可怕的"极地白光"。摄影师要特别注意对眼睛的防护，并且避免出现曝光过度等问题。

细笔把复合式线条结构勾勒得格外清晰，高反差的山区地质构成，创造出典型的自由线性组合，在残雪的勾勒中显得装饰性极强。

白雪覆盖的长条形梯田，同色系微妙的递进关系形成了特殊的韵律和动感节奏，呈现出大地肌理的丰富结构。

俯瞰大漠荒沙

大漠荒沙，是指被沙漠覆盖的广阔地域。

自古以来，沙丘驼影就是艺术家钟情的创作题材。但是，无人机遥摄沙漠荒野的优秀影像作品尚未出现。或许是鞭长莫及？或许是大漠荒沙缺少生命活力？或许是现代运力发达，吸引摄影家的驼影已经消失无踪？尽管如此，俯视大漠荒沙仍是无人机遥摄广阔的创作领域。

俯视沙漠的不足

高度落差消失，景物反光率平均，色调基本一致。加之相机影像还原对相近色调的质地表现层次不够丰富，容易造成沙漠内部结构线条不清晰甚至消失，画面表现为一块呆板、缺少变化的色块。

俯视沙漠的特点

沙漠景象看似千篇一律，但仔细观察就会发现，沙丘除了有序的排列外，还会随着受风面的不同而展现出奇形怪状的形体变异。沙漠在静止的状态下表现出的流沙动势，给因为缺少生命体而死气沉沉的沙化大地，注入了强劲的流动感。

流沙塑型的特点

发现有秩序感的沙漠地貌并不难，难在选择具有造型特点的流沙塑型。应该尽量避免不加选择地对毫无变化的平板沙漠按动快门。

光影塑型的特点

好的光影塑型需要精心选择遥摄时间，最好选用低角度的侧逆光，它有助于表现景物的轮廓线条，形成明暗影调起伏，拉开相同颜色物体的色调反差，产生投影效果，使景物更具立体感。低角度阳光通常出现在日出日落时刻，此时黄色的沙漠暖调更为浓重。

气象选择的要点

遥摄沙漠要避免阴天、飞沙天或雾霾天，那时的沙漠颜色、质感、纹理都会因平淡而缺乏表现力。应该选择晴天或少云的天气，这时太阳对大地形成明显的投影，有助于沙山图形塑造。

沙漠疾风塑造了一个个圆形城堡，像是月亮的地表结构，我把其中的一座当作主体景物定格在了视觉中心。

沙化的丘陵由近向远，增加了大气透视感。起伏的沙形在侧影的塑造中，形成了抽象派的自由波折线，给人以优美的动荡感。

冰雪给沙漠增加了一个纯度很高的主色素，使画面纹理更加清晰。

刻画湿地环境

湿地环境，是位于水、陆生态系统之间的过渡性地带。

湿地指天然或人工形成的沼泽地等，带有静止或流动水体的成片浅水区，还包括在海滨低潮时水深不超过6米的水域。湿地土壤浸泡在水中，生长着很多湿地特征水生植物和众多野生动物，形成独具特色的风光景象。

湿地环境的形象特点

湿地环境表现为更广泛的植被多样性，裸露在外的土地及树木与原始森林相似，而埋在水里的部分又近似于江河湖海的特征。最具特点的部分是水陆交融的地域。绿色的植物、裸露的砂石、浸泡的水草、浅水的碧波、植物和水系相互依存，变化多样，是无人机遥摄采撷创作的绝佳地域。

湿地生物的生存特点

随着保护措施的加强，我国的湿地环境中野生动物逐渐增多，但多见的是各类飞鸟。利用飞禽点缀湿地地貌，追逐野生动物或家养牲畜以加强湿地环境的生机，从而追求具有艺术表现力的画意意境，应该是湿地摄影创作的发力点。

湿地环境的图像特性

湿地环境的图像特性包括：颜色特征、纹理特征和形状特征。其中，纹理特征包含了更多的宏观和微观信息，具有科考资料价值。当然，摄影师可以在有着丰富光感、纹理、形状的唯美结构中，寻找最具表现力的图像特征。

湿地环境的光色特点

湿地环境摄影，可借鉴拍摄风光照片的教程要求，注意色彩饱和及水面反光处理。深浅不一的水系把湿地地貌半遮半掩，被水浸泡的植被表现出丰富的色彩。在阳光的映照下，水面反光与水波涟漪给浅水下的地表作物赋予灵气，可营造出湿地环境特有的光影奇效。遥摄时要注意反光产生的较强光比对曝光的影响，还要注意调整白鹭、海鸥等白色飞禽与暗色湿地形成的强烈反差。

这是根河流域万顷松江湿地典型地貌的一隅。

江西鄱阳湖中的湖滩草洲是白鹭的理想栖息地，湿地保护区有珍禽 150 余种。

长江下游南京流域湿地环境中的的漂浮植物和美丽的野鸭。

鄱阳湖水系汇集了湖泊、河流、草洲、泥滩、岛屿、泛滥地、池塘等湿地主体景观。

遥摄近海群岛

近海群岛，就是大陆海岸附近的岛屿群体。

中国是海洋大国，拥有广袤的"海洋国土"，有18000多公里的大陆海岸线，管辖海域总面积约300万平方公里，大小海岛11000多个，遥摄近海岛屿是一个不小的课题。

群岛的描述

遥摄群岛，首先是利用飞行高度，大范围、高角度地描述群岛海域，让人们对群岛有一个整体的了解，并营造君临天下的俯瞰感和一览众岛的辽阔感。

逐岛的分析

首先进行图上推研，明确重点岛屿，确定经济的观察和拍摄路线。在摇摄中实地进行逐岛盘旋俯视观察，并进行摇摄形象记录和简单的要点笔录，力争做到不潦草、不漏摄、不重复。

特点的选取

每个岛屿应该有自己独特的地貌特征，摄影师要善于发现它们的共同之处和不同之处，从而找出最具特点和表现力的标志性立面，从而避免千篇一律概括岛貌产生的视觉疲劳。

光影的塑造

海岛既有高度落差、植被特点、岛势变化，同时还有大海的光影烘托。海岛在全天的日光变化中呈现的外在形状、植被感觉、线形构成等地貌影像特征变化很大。摄影师应该自主选择遥摄时间，以达到预期的光影效果。

寻找表现海岛的标志性立面，灯塔是最重要的标志性建筑。

港口是海岛最主要的政治经济中心，也是最具表现力的地标环境。

柔和光影笼罩着的普陀山显得异常秀丽。

201

写意南海浪潮

浪花是岛礁的姐妹，潮涌是岛礁的玩伴。

凡是歌颂南海的诗歌，无不以浪花海潮为具像，盛赞中国海疆那波澜壮阔的自然大美。我建议有机会遥摄南海诸岛的摄影师，拿出您的技艺精华，拿出您的无限激情，在空中描绘汹涌澎湃的南海浪，在鸟瞰的视界中刻画一往无前的南海潮。

南海生成浪潮

海浪是发生在海洋中的一种波动现象，是由风产生的波动，以风浪、波浪和涌浪组成。南海的大潮生成在特有的海况地貌中，与露出海面的岛屿和潜藏于海中的礁盘相伴，在潮起潮落的滩头会形成千层浪卷的奇观和万顷波涛的一道道风景线。

岛礁相伴浪潮

南海浪花是伴着岛礁存在的，有岛礁的海面必有浪花。在中国辽阔的南海海域，露出水面的陆地多是平缓的沙丘和半露半隐、色彩斑斓的礁盘，海面因风动形成的涌浪，会在浅滩岸边转换成喷射四散的浪花，极具表现力和装饰性。

垂直扣摄浪潮

无人机机载镜头对地垂直拍摄俗称为"扣摄"，这个角度拍摄最能表现浪花的撞击感和力量感。问题是浪花呈灰白色，反差极低，必须控制好曝光才能表现出细节，否则曝光不足就会一片"死白"，损失质感；曝光稍过就会一片"死灰"，缺少层次感。

倾斜展现浪潮

倾斜俯视是表现海潮和浪花的常用俯角，让目光斜着向下鸟瞰海浪，使视线极大地扩展，能见范围会随着能见度向远方延伸。遥摄时使用广角镜头，可以把大面积的海浪潮头囊括在镜头中，表现海浪的广阔无垠；使用长焦镜头，可以用压缩空间的特点，让浪涌重叠挤压在视野范围中。

顶光聚焦浪潮

顶光或逆光会使海浪呈反光状态，由于白色的浪花反光率极高，所以拍摄时一定要降低曝光量，使亮度在曝光控制中得到平抑，让高光中的浪花呈现层次。

浅滩透视浪潮

南海浪花附着在礁盘的周边，与多彩的岛礁融为一体，浪花不管在什么光线下都是白色，而那些潜入的珊瑚礁林则随着光照的强度改变着色彩，影像效果每时每刻都在变化，光线强时颜色艳丽，光线弱时则会灰暗而缺少反差和色彩。

礁盘的角落像两只怪兽，等待着海浪的洗礼。

我喜欢用岛礁的局部边缘表现浪涌与礁盘的关系。

垂直向下扣摄海浪，涌浪和礁盘组成了艳丽的图案。

创意水面航迹

水面航迹，是船舶在水面航行留下的浪花印迹。

在空中俯瞰，水面就像一块巨大的画布，航行中的船舶推进器搅动泛起的浪花，拖曳着一道道白色的尾迹漂浮在水面，展现着有序或无序的优美曲线。此时非常适合在点、线、面的组合中寻找画面秩序，建立兴趣中心，进行湖泊和海洋的创意描绘。

航迹的装饰效果

航迹簇拥着船舶主体，浪涌的轮廓呈现着自由的波折线，这激烈的动荡感烘托着画面气氛。浪花越是表现得汹涌澎湃，船体在海中破浪前进的气势越是强烈。同时，浪花越大，航迹就越宽，延绵的距离也越长，表现出的速度感和动荡感就越强。

轨迹的线形造型

在空中观察会发现，每艘航行中的船舶都拖着长长的航迹，把机动轨迹和相对位置勾画得一目了然。这种轨迹，是海洋遥摄造型艺术的重要元素。

船舶的动态描绘

航迹形成的曲线大小，展示着船舶机动的范围和动态。船舶留下的航迹，明显地勾勒出动向。涡曲线的旋转范围越小，说明船舶转向的角度越大，画面姿态越优美，越是富有起伏动荡感和旋转运动感。

戏耍在海边的冲浪快艇带着欢乐，留下弯弯的浪花航迹。

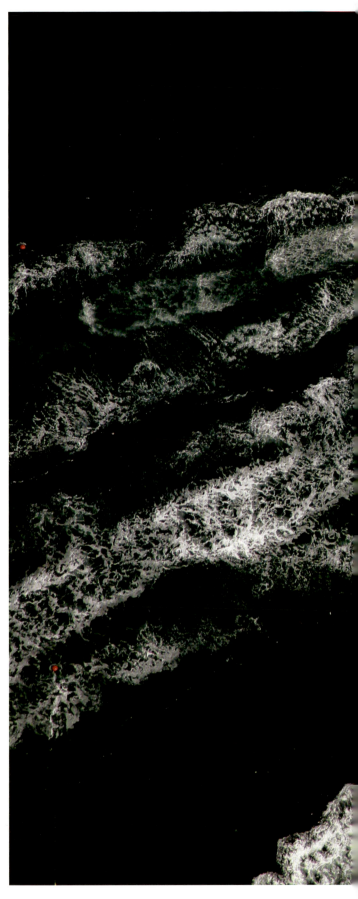

快艇划出的航迹折线变化幅度大,组成了有激荡感、急促感的韵律,使海面充满视觉张力。

描绘桥的"交响"

立交桥，对于遥摄影像来说就是一堆集合的线条。

立交桥是城市路网的纽带，是城市建设的标志。运用遥摄高度和机动位移，摄影师能够很好地表现立交桥的宏伟气势，选取局部特点，聚焦细部结构，取舍俯视线条。

表现立交桥的宏伟气势

表现立交桥的宏伟气势就得图解它的枢纽功能。在图像表达中既要展现立交路网的错综复杂，又要展现路网与周边环境的交融，让绿化带、楼群、广场烘托立交桥的宏观场面。

表现立交桥的结构美感

在空中俯瞰，立交桥成为一堆有节奏的团状线条。每座立交桥都有它的结构特点和环境特点。寻找独特的交错连接局部，通过线条形式变化展现它的结构美，是表现立交桥美感的关键。摄影师应该运用审美经验，从复杂中提炼简洁的构成秩序，从形式要素中渲染其夸张的韵律美。

表现立交桥的光影效果

记录日光下立交桥的光影变化，应主要参照建筑摄影的要领，运用早晚斜射光线照射产生的明暗关系，以及早晚日光、天光色温变化产生的色彩变化，塑造立交桥的光影效果。

夜晚路灯和车灯映照中的立交桥，比白天更加靓丽。但是，在大面积灯光照射下，桥体往往会出现明暗失衡，甚至超出肉眼和相机的宽容度。因此，不能完全依赖相机的测光系统，以免造成曝光过度或不足，必须根据现场亮度分布情况，适当增减曝光量，以兼顾明暗光比较大的立交场景。

立交桥桥体的优美弧度、秩序井然的车流，以及立交桥与周边环境的结合，共同表现出承德市外围立交桥的秀丽景色。

用立交桥的部分结构，体现北京四元桥桥体与周边建筑的关系。

用几乎垂直俯瞰的角度,展示北京立元桥的结构全貌。空中俯瞰立交桥的结构,高度落差感消失,立交桥结构成为一幅线状平面图。

展示城市夜路

城市夜路，就像是城镇的血脉造影。

在路灯、车灯和建筑灯的照耀下，道路的光影由点到面，由面到线，由线到网，交织连接起城市的各个角落。遥摄时除了有指定的地标要求，摄影师还应该在乱如麻团的城市路网中，梳理提炼出有存照价值和审美价值的造型图案。

点的选择

遥摄时，摄影师要善于发现道路交叉点、结合点、灯火辉映点，以及社会活动形成的视觉趣味点，把这些道路结构点确立为影像的视觉中心。

线的勾勒

遥摄画面对线条的使用，关键在于线条的疏密处理、有节奏的配合与巧妙运用，这样才能使画面保持秩序感，产生有条不紊、丰富而不繁、变化而不乱、生动而不散的效果。

面的生成

随着记录点的确立，摄影师应运用飞行高度的提升或镜头的收缩，使点扩张成面，并进一步观察这个面上的"表情"，发现那丰富又充满动感的肌理，记录它呈现的不同视觉特性。

网的布局

要使道路网在画面中布局合理，主要是运用无人机的高度优势，寻找最恰当的拍摄角度，合理取舍，以调整路网的整体画面结构。

光的控制

夜间遥摄时，道路与环境之间的光比很大，必须注意肉眼观察和机械记录的差别，重视光的质量和光比反差的存在，不使明暗对比失调。

广州奥林匹克体育中心周边的道路，以随意的线条结构，凸显着现代交通的实用性。

采用竖画幅拍摄，局部S形路段看似矗立的状态，使市中心主干道充满了动势，体现出交通大动脉的威力。

表现城市风光

表现城市风光，就是从空中选择、记录城市经典俯视影像。

无人机使我们有条件在空中最大限度地机动选择，不受任何地域限制，不受任何物体遮挡，自由地寻找表现城市总体风貌和局部特点的最佳高度、最佳角度、最佳光影、最佳立面。

抓住环境特点

俯瞰城市环境，犹如洞察人与自然和谐共存的境况。遥摄城市风光首先应发现城市的环境特征，并结合城市的规划特点、建筑特点和地域特点，制定描绘城市的拍摄预案。

确立标志建筑

俯视整座城市概貌时，应把这座城市的标志性建筑和代表性地物作为视觉中心，见证一座城市的成长变化进程，并作为遥摄任务的主打照片。

高空再现全景

依据城市主要景观区域和光影再现效果，尽量提升俯视高度，利用广角镜头扩大视角范围，俯瞰城市建设与环境风貌的融合，取得以主景观为中心的全景印象图。

低空遥摄细节

在遥摄城市全景照片的基础上，使无人机降低高度贴近地表，运用风光和建筑摄影的技艺要领，发现飞经地域偶然呈现的具有代表性和表现力的城市亮点，让独具特色的道路、广场、楼盘、纪念碑等形成的优美结构和艺术造型作为形象补充，丰满和完善主题内容。

无人机在广东汕尾市上空盘旋中，我确定这三面环海的角度是城市最具代表性的一角。

北京中央商务区核心地段俯视图。

承德市开发区在山窝里与水系相伴而建，这里可用高层建筑来衬托那美丽的环城河。

遥摄深圳市区的飞行方案推演了很长时间，但飞临主要地标上空时气象出了问题，乌云遮挡了城市的主要建筑。我只能避开几座被遮挡的高楼了。

遥望农宅民舍

遥望农宅民舍，就是远看有地域和民俗特点的房子。

中华民族有着悠久而厚重的民居文化历史，但是，表现这个题材的无人机遥摄作品却不多。目前，人们多把有限的遥摄条件，集中在城市建设、名山大川、大型活动等表面上值得斥资的领域。这里，我提示大家：无人机遥摄是表现这类题材的最佳方案，农宅民居的俯瞰影像有着无限的艺术魅力。

抓民俗特点

农宅民舍带有典型的民族建筑风格，中国各地、各民族的农宅民舍虽大同小异，却保留了明显的地域特征和民俗特征，而且在随着现代化的进程不断演变，记录这些特征就是记录历史，这一题材也是十分丰富的艺术创作领域。

抓地域特点

千变万化的农宅民舍镶嵌在广袤的地域环境中，摄影师应该尽量选择最具特点的视觉关注区，让环境衬映出农宅民舍的形象特征，这是遥摄的重要表现方式。

抓季节特点

与大型城市不同的是，农宅民舍及环境的外观形象会随着季节改变。摄影师应该把季节特征统筹到遥摄计划中，让大自然的春色、夏韵、秋意、冬雪把农家居舍打扮成各有千秋的靓丽画卷。

抓光影特点

俯视中的农宅民舍及环境，随着日照角度、亮度、色温的变化呈现出不同的影调。摄影师要选择理想的光照时段空临，以达到预期的光影造型效果。

图为河北北部的小山村。

这是广东渔民的生活现状，海里有船，岸上有房。

空中俯瞰胶东半岛的大型村落，画面展现出的既单纯又不简单的和谐一致的生活。

梯田形成整齐的倾斜曲线，使画面呈现出运动式布局，使恬静的山村出现了流动的美感。

俯视人间烟火

遥摄人间烟火，就是用"七仙女"的视角记录百姓生活。

随着航空事业的快速发展，人们开始借助无人机航空视角审视自己的生活状态。把航空视角转向社会的大千世界，用无人机遥摄揭示凡人的日常生活，将成为一种视觉文化趋势。像许多新兴艺术门类一样，遥摄影像文化也必定走过时尚浮华的艺术之路，到达返璞归真的高境界。

关注社会民生

无论是大街小巷、山村集市，还是烤肉串、推麻将、办喜丧……我经常开着无人机去拍地瓜地，载着顶级相机去追驴车。我建议有遥摄条件的摄影师，把留空时间向生活空间拓展，浏览生活百态，记叙世间万象，鸟瞰百姓生存空间。

发挥视角优势

鸟瞰大千世界，那些司空见惯的日常事物，会因为视角的大幅度改变，给人带来意想不到的新奇和惊喜，哪怕是最熟悉的生活空间，改成从头顶上看，都会变成吸引人的陌生景象。由此，无人机遥摄将成为人们全方位认知世界的一种视角补充。

遥摄应接地气

应该指出的是，航空视角看世界往往是走马观花，给人浮于表象不切实际的印象。建议摄影师带着生活中的经验到空中去寻找俯视印象，把自己对社会的深层次理解认知，融入航空视觉发现上。空地结合，让空中记录的纪实画面更贴近地面生活，让遥摄更接地气、社会文化底蕴更加厚实。

这是用无人机机载镜头提炼出田间的图案化景别，排列有序的线条统一而有秩序，劳作的农夫给对角斜线的画面秩序以活力。

俯视景德镇郊区洗衣女恬静的生活景象。

小小儿童乐园，丰富着社区群众的生活。

揭示社会问题

揭示社会问题，是无人机遥摄的重要社会职责。

人间不是处处美好。空中俯视会发现许多刺眼的、令人心寒的问题景象。遥摄人有义务把那些警示信息，以恰当的舆论监督形式传播出去，让更多的人正视这些社会问题，深刻剖析问题根源，以最终消除这些不和谐的因素。

只要留意就会发现

在人类向现代化跃进的过程中，社会上会出现许多不合理、不文明的事物，它们通常隐藏在大千世界里难以被人们发现。飞行器的高视角可打破一些视觉盲区，使许多问题现场像秃头上的疮疖一样一目了然。

只要发现就要拍下

摄影师思想意识中只要有正确的是非观念，就会在空中辨别和发现那些不和谐的现场情景，应该居高临下把它框取、定格，成为媒体平台上可见的"立此存照"。

只要拍下就有道理

其实，摄影师在发现问题时，已有了清晰的是非观点。在剩下的捕捉记录过程中要做的就是：准确地框取表达观点所需的影像要素，使这种批判被图解诠释得更加有说服力。

忠于现场准确记录

遥摄问题现场，必须以准确的形象表述为原则，不得渲染夸张。无论是色彩、反差、对比，还是结构、形象、质地，都必须保持原汁原味，保证形象真实和本质真实。

这是湖北某地村头的一幕，堆积在桥头下的垃圾无人过问。

为了获取矿石，有人完全不顾关乎民生的公众电力设施的安全，只顾疯狂挖掘。

透视环境警示

无人机遥摄，是高效获取生态环境现场检测影像的方式。

近年来，为减少环境污染和生态破坏，无人机遥摄开始履行对资源保护和污染防治等环境保护工作实施监督的使命。在此，我们呼吁无人机摄影师，应该抱着对社会负责的态度，成为环境保护的志愿者。

监测环境的责任

监测生态环境，不等于仅仅记录自然环境。这是一项主题思想明确的遥摄内容，摄影师必须建立明确的是非观念。在国家经济建设发展的重要阶段，环境保护问题非常突出，它应该由两方面组成：环境保护状况和环境破坏状况。记录环境综合治理的典范和发现破坏环境的状况，是环境监测的两个层面。

环境保护的监督

发现那些暴露在光天化日下的有悖于社会公德的污染、盗挖、损毁等触目惊心的场面，并把它记录下来，传达给受众和有关职能部门，是每个人的职责。无人机可以从空中迅速获取生态环境现状的直观影像，摄影师更加应当善用这种便利条件，通过遥摄为保护环境做出自己的努力。

环境保护的褒奖

环境美是人类遵循美的规律所展开的创造性活动的结果，它包括山川、草木、气候、风物等自然环境的美和社会风俗、社会环境的美。把那些赏心悦目的环境美用遥摄影像描绘出来，以相应的内涵使人在审美中领会到环境保护的重要意义，这是对保护和改善环境做出努力的人们最好的褒奖。

污水肆意排放污染河流，威胁着人类赖以生存的水源。

沙化和盐碱吞噬着绿色植被，严峻的环境恶化形势摆在面前。

过度开发正吞噬着我们的自然生态，一面是百姓拥挤的民舍，一面是排列整齐的汽车方阵，人们正在水泥和钢铁的夹缝中生存。

急功近利的人们不顾生存环境，把美好的湖泊破坏成这种凄美残颜，为了建筑取沙，把好好的湿地河套挖成了一片废墟。

实拍突发事件

实拍突发事件，就是用无人机机载镜头记录突发事件现场实况。

无人机，是进入突发事件现场最快捷的交通工具；航空俯瞰，是记录新闻现场的绝佳视角；遥控摄影，是记述突发事件现场实况的重要技术手段；航空影像，是记录和传播突发事件的重要载体。

获取事件信息

媒体的遥摄机队应与新闻脉动相连，具有应急使用无人机及现场空域的资质证明，备有一台应急机动车，电话也与政府有关预警指挥系统相连，成为突发事件应急反应的直属部队。

快速做出反应

接到警报后应尽快明确事件性质、发生原因、发生时间、受灾中心点等要素。确定拍摄价值后，立即联系飞行航管部门，了解空域净空情况，争取航行管制部门的空域特许。因为无人机电量和航时限制，一般情况下不会从驻地直接起飞，而需要带好无人机和拍摄装备向事发地开进，或乘飞机航空机动抵近。

现场预前准备

到达事件发生现场后，首先明确事发地理环境的中心区、禁区、边缘区；然后了解现场空域的准飞区、禁飞区。寻找现场的前沿指挥所在地，确立领导关系。确定机位位置，开始组装无人机及机载相机。

做好起飞准备

检查无人机设备和摄影设备，调整各项飞行和摄影程序设置。与现场指挥部随时保持联络，实时了解事态发展实况。与后方媒体总部平台开通直线通道，准备发回实况信息。

寻找焦点地标

无人机起飞后，应该遵循搜索范围由远到近、由大到小的原则，试探性缩小搜索范围，每靠近一步都应取得安全依据，确定没有危险后最终进入焦点空域。

注意安全预警

在面对危险的任务压力中，保持头脑冷静不受干扰。无人机现场起飞后，应时刻关注电量消耗情况；要遵守防毒、防化、防高温、防射击、防辐射等危险作业要领；在复杂地貌上空飞行，应注意避让建筑物和危险区。

遥摄现场提示

注意发现地标主体的主立面，使无人机保持适当高度和角度，保证聚焦准确和相机稳定。如果航线不利于遥摄新闻内容的表现，应及时做出必要的调整。节制拍摄数量，让相机多处于观察状态，切忌应激狂躁性拍摄。在事发中心用广角镜头概括现场全貌，让受众了解事件发生发展的概况。摄影师还应根据航距远近调整镜头框取场面的大小，发现事件发生焦点地标和关键部位，深化新闻特写的报道主题。

广州街区发生火情。

无人机遥摄是记录和传播突发灾难新闻现场的重要视角和方式。这是南京一处重点工程附近发生的车辆事故，有关部门正在现场救援。

摄猎重大事件

摄猎重大事件，就是用航空视角记录正在发生的重要大事。

如何把握和选择"重要事件"？我认为：重不重要，应该由自己决断，只要自己觉得重要，就要以记录历史的责任感起飞遥摄。重要事件与突发事件不同的是，对于将要发生的重大事件人们是可以预知的。因此，重要事件的遥摄应该是有备而来。遥摄要点已在其他章节说明，这里不再赘述，只对飞行准备程序加以分析。

办好飞行手续

首先，要按管辖区域向有关航管部门申请报批。当前，各项无人机飞行手续相对烦琐，摄影师要避免"黑飞"，耐住性子办全手续，获得飞行许可和空域使用权。

了解事件背景

确定将要遥摄的事件性质、内容，掌握事件相关背景资料，详细的活动程序及事件发生主地标的形象特征，确定重点地标和标志性景物，熟悉周边地域的地理地貌，了解目标地域、空域特点，必要时应该对事件发生地进行地面实地勘察。

进行预摄试飞

进入飞行程序前，应该按照遥摄任务的主题内容及质量要求，拟定详尽的飞行计划。预前反复协同推演，根据光线、季节、时间、气象等因素，确定进入角度、盘旋次数、航行速度、临空高度、拍摄距离等飞行诸元素，并进行模拟演练，避免在某些环节出现疏漏铸成大错。

调好相机程序

根据天空亮度确定感光度，我一般白天用 ISO800；开启快门连动马达，调至最快；使用自动白平衡；选用评价测光模式；开启跟踪聚焦系统；使用 AV（光圈优先）程序；将光圈开大；快门速度相应提高到 1/2000 秒以上；画质确定为 RAW+S 挡。

2016 年 8 月为庆祝红军长征胜利 80 周年，中航工业直升机红色万里行，飞临古田会议纪念馆前。

2015年9月9日至13日,第三届中国天津国际直升机博览会在天津空港开发区举行。

首届郑州上街航展开幕,这是无人机遥摄的鸟瞰静态展示区。

首届黄岛啤酒节在青岛市黄岛区海滩举行。

无人机摄影专业术语注解

参照物 被摄景物各项比例的视觉参考依据。

超视搜索 用监视器画面观察寻找超出摄影师目力直观范围的地标景物。

创意遥摄 具有创造性思想内涵的无人机遥摄形式。

垂度管理 无人机机载镜头与景物之间俯视角度的控制把握。

垂直俯角 无人机机载镜头主光轴与地面形成180°角。

垂直扣摄 垂直向下，像"扣篮""扣图章"一样对地拍摄。

低飞危险 无人机低空飞行的危机警示。

低空飞掠 飞行器贴近地表超低空闪飞而过。

地标景物 预定拍摄地域中具有独特形态的标志性建筑或地貌。

地毯观察 无目标地全覆盖式审视察看。

掉向状态 摄影师在操控无人机时失掉方向感的表现。

反应时间 摄影师通过监视画面对被摄现场景物观察、判断的延时时长。

方向意识 摄影师对无人机飞行方向和机载相机镜头指向方位的感知。

飞行姿态 飞行物在空中的悬浮运动状态。

飞掠刺激 无人机飞行中与地面景物快速交错形成的移动画面给摄影师造成的精神反应。

飞掠观察 摄影师在无人机较低高度的快速机动中，鸟瞰现场景物。

风动危害 风力对无人机飞行造成的影响。

浮动感 飞行中的悬空、漂浮、不稳定等因素产生的连锁反应。

俯视传统 中华民族自远古形成的传统鸟瞰表现形式。

俯视控制 空对地铅垂夹角形成的量化把握。

俯视观察 从空中往下瞭望察看的行为。

俯视经验 在身处高空或高点的鸟瞰实践中积累和形成的从上往下看的习惯和能力。

俯视景深 通过镜头从空中向下透视的景物清晰范围。

俯视能力 从高处往下看的经验和习惯。

俯视造型 空中鸟瞰视觉条件下的物体美感构成和空间艺术再现。

复杂气象 影响飞行的极端天气的统称。

感知辨向 摄影师用自己的感官和直觉辨识方向。

高度落差 地面景物海拔的高低差别。

高度判断 摄影师对空中无人机或现场景物海拔尺度的估量。

跟踪追摄 运用无人机的机动性能，追踪拍摄运动目标的技术手段。

观察范围 无人机机载相机镜头框取画面的视觉容纳区域。

观察识别 摄影师通过监视画面审视、辨别特定目标和事物。

国画俯角 中国美术鸟瞰物象的俯视角度。

航空摄影 以飞行器为坐标平台，或者以飞行器为拍摄对象的摄影类型。

航线规划 无人机飞行线路的预定和部署。

机动变化 无人机改变速度、高度和方向的飞行。

机位选择 遥摄人员寻找、操控无人机的适当位置。

机位移动 摄影师地面操控位置的变化。

积云影响 天空云彩对遥摄效果的作用。

纪实遥摄 以记录生活现实为诉求的无人机遥摄形式。

焦段预设 对相机镜头焦距的预前设定。

监视观察 通过监视器中的回传信号观看现场。

监视画面 监视器里接到的无人机现场实时回传的图像信号。

精确框取 通过监视器准确地选取画面景别。

精准遥摄 无人机机载相机对目标进行准确框取、聚焦、定格的遥摄过程。

镜像视界 无人机摄影师通过镜头成像获取的对现场情景的可视范围。

靠近框取 用无人机的机动能力接近并选取被摄景物。

空对地摄影 无人机在飞行中对地面景物进行俯视拍摄的过程。

空对空摄影 无人机在飞行中对空中景物或飞行物进行拍摄的过程。

空间意识 摄影师对监视画面中景物三维立体空间的理解与感知。

控制俯角 摄影师通过操控无人机的高度、距离等要素，把握空中视线角度的过程。

框取操作 用监视器对景物影像进行选择的过程。

力动走向 景物抽象动态结构的外在视觉方向。

立面截取 无人机在空中获取被摄景物某个角度的外形界面影像。

立体空间 由长、宽、高三个维度构成的现实空间。

瞭望搜索 观察、寻找远处的景物。

凌空感 空中悬浮状态下产生的综合心理和生理感受。

浏览观察 摄影师用无人机机载相机镜头在飞掠中，快捷地、粗略地把现场实况看一遍。

慢门追摄 用 1/60 秒以下慢速快门，跟踪遥摄运动物体的技术手段。

逆光俯瞰 迎着对面照来的日光从空中向下瞭望。

鸟瞰幅度 空中向下看的视野范围和俯视角度大小。

鸟瞰视界 从高处向下面看、四处看、远处看的视野范围。

气流影响 大气紊乱造成无人机失衡对遥摄的作用。

潜望镜法 无人机原地直上直下升降的观察和遥摄方法。

三向视点 无人机摄影师面对的手中监视器、空中无人机和地面被摄物三个方向的视线焦点。

扫描拼接 将无人机按程序对大幅面地理环境进行顺序拍摄获取的

影像，后期用计算机拼接成大图的技术。

上帝视角 西方人对从空中俯视大地景物的比喻。

神仙视角 东方人对从高处鸟瞰世间万物的比喻。

升降视场 在无人机的高度变化中，摄影师透过镜头的能见场面。

失衡动势 影像失去平衡状态产生的动感。

识别地标 认识和辨别预定的被摄地物。

实地勘察 摄影师在遥摄前或遥摄中，对被摄目标的地面现场观察调研。

视点漂移 无人机悬停时出现的浮动，从而造成位置、角度和镜头指向产生小幅度的移动。

视点协同 摄影师在无人机、监视器和被摄目标之间的视觉配合。

视角差异 无人机机载相机镜头指向与摄影师视线之间的差异。

视角互补 遥摄时，摄影师在无人机空中回传监视信号和目力直视现场的视觉界面中相互交叉参照。

视觉力动 物体动力的外在视觉表现。

视觉平衡 遥摄影像画面的形象均衡度。

视觉位置 摄影师目力观察的注视点。

手感航向 摄影师用操纵无人机的手感调整和估计飞行方向。

瞬间取舍 摄影师按动快门前，对现场景物进行的选择性框取。

四快一沉 观察快、发现快、指向快、取景快、聚焦沉着的无人机遥摄操作程序。

搜索能力 摄影师识别、发现、寻找特定目标的本领。

特情处置 对事件发展进程或无人机飞行本身突然发生的紧急情况进行排除化解的过程。

调整掉向 摄影师或飞手用一定的方式找回方向感的过程。

危险接近 无人机之间间隔过小可能发生碰撞的状态。

雾霾影响 空中能见度改变对影像效果产生的破坏作用。

相关景物　与被摄地标有依存关系的环境和物体。

协同操作　摄影师与无人机飞手共同完成遥摄操作时的协调一致。

写意遥摄　用无人机遥摄影像表达意境、抒发心意。

心态平衡　遥摄操作中摄影师的心理稳定程度。

悬停遥摄　无人机在被摄景物上空停滞悬浮状态中进行拍摄。

旋翼恐惧　摄影师针对旋翼危害产生的自警意识。

延时时间　摄影师操作指令发出后，无人机和相机各种程序和多个环节启动的响应时间。

遥控航摄　用无线电波遥控无人机机载摄影设备，在空中获取影像的技术。

遥摄升限　遥摄无人机的最高飞行限度。

遥摄隐私　用无人机机载摄影设备偷窥并偷拍别人隐私的行为。

要点观察　对重要的、主要的地标景物进行仔细察看。

一点多联　对地标景物中心点拍摄后，再对周围环境的连接点进行包容式拍摄的遥摄模式。

一扫二补　大场景的横向多幅扫摄后有重点的补摄。

隐蔽机位　确保在遥摄时不被发现的摄影师和飞手所在的操作位置。

隐蔽遥摄　确保不被发现的无人机偷拍。

运用光晕　用射进镜头的强光折射出现的光斑装饰画面。

直视导航　摄影师用目视引导无人机的航行轨迹。

主动规避　飞行中对障碍物和飞行物的自觉避让。

注视定向　摄影师用自己的目光确定方向。

图书在版编目（CIP）数据

无人机航空摄影教程 / 牟健为著 . -- 北京 ： 中国
摄影出版社 , 2017.5
　ISBN 978-7-5179-0602-5

　Ⅰ . ①无… Ⅱ . ①牟… Ⅲ . ①无人驾驶飞机－航空摄
影－教材 Ⅳ . ① TB869

　中国版本图书馆 CIP 数据核字（2017）第 069931 号

无人机航空摄影教程

作　　者：牟健为

出 品 人：赵迎新

责任编辑：常爱平

策划编辑：李　森

装帧设计：冯　卓

出　　版：中国摄影出版社

　　　　　地址：北京市东城区东四十二条 48 号 邮编：100007

　　　　　发行部：010-65136125 65280977

　　　　　网址：www.cpph.com

　　　　　邮箱：distribution@cpph.com

印　　刷：天津图文方嘉印刷有限公司

开　　本：16 开

印　　张：15

版　　次：2017年5月第1版

印　　次：2020年10月第1次印刷

ISBN 978-7-5179-0602-5

定　　价：98.00 元